纺织服装高等教育“十三五”部委级规划教材

针织服装设计
Knitwear Design

王勇 编著

東華大學出版社 · 上海

前言 | PREFACE

相比梭织服装而言，针织服装虽然起步较晚，但也因此为服装设计师们提供了更大的挖掘潜力和发展空间。针织服装从不起眼的内衣走向时尚化、高档化的外衣，经历了漫长的发展过程。长期以来，针织服装并不被时装业所重视，直至 20 世纪 20 年代时尚偶像夏奈尔身先士卒地穿上男朋友的毛衫，走上街头，这才开始引发世人对毛衫的关注。从此针织服装开始步入人们的流行视线。即便这样，高级时装舞台长久以来也被梭织服装所垄断，针织服装难以登入大雅之堂。目前，国际上历史悠久的针织服装品牌虽然凤毛麟角，但可喜的是，越来越多的新锐针织服装设计师的涌现，为针织服装设计的发展注入了新鲜的活力。特别值得一提的是，来自中国的设计学子们也频频以独具风格的针织服装设计作品，在设计话语权被西方掌控下的国际时尚舞台脱颖而出，获得赞赏，并且有的还创建了个人品牌。这实在是令人振奋。

“针织服装设计”是大连工业大学王勇教授主持申报的辽宁省精品课程，常冬艳、王军、王适、孙林、王伟珍等教师都为该专业方向建设做出了很多努力。《针织服装设计》一书是在之前编著的版本基础上进行的全新编写，注重创意与实用、时尚相结合，从设计的角度对针织服装进行了较为系统的阐述，将抽象的理论知识结合国际知名针织服装品牌及新锐设计师不同风格的设计作品进行说明，力求使读者能够更直观地理解和掌握针织服装设计的相关知识和方法技巧，并在全球化的设计语境下能够着眼于国际视野，打破思维的局限，提升创造力，以推进本土针织服装设计新生力量的发展。

在该书的编写过程中，编著者引用了一些国际知名针织服装品牌和新锐设计师的优秀作品作为示范说明和学习参考，在此表示真诚感谢。感谢本书的编辑谭英和各位出版社工作人员在此书出版过程中所付出的努力。鉴于编著者学识有限，书中难免有遗漏和不足之处，恳请专家同行批评指正。

作者

目录 | CONTENTS

第一章 针织服装概述 5

第一节 针织服装相关概念 /6
一、针织物与针织服装的概念 /6
二、针织服装与梭织服装的区别 /8
第二节 针织服装的分类及产品线 /9
一、成形类针织服装及产品线 /9
二、裁剪类针织服装及产品线 /12
第三节 针织服装行业及设计发展趋势 /17
一、针织服装行业的发展 /17
二、针织服装设计发展趋势 /18

第二章 纱线的选择与针织服装设计 24

第一节 针织服装纱线分类及选择 /25
一、针织服装纱线及分类 /25
二、针织服装纱线选择标准 /25
三、针织服装纱线成分的选择及组合 /26
第二节 纱线的选择与针织服装设计风格 /27
一、奢华尊贵风格 /28
二、经典优雅风格 /29
三、自然休闲风格 /30
四、都市时髦风格 /31
五、另类前卫风格 /32
第三节 纱线的选择与针织服装肌理设计 /32
一、采用同种纱线进行肌理设计 /32
二、运用相同材质纱线的规格变化进行肌理设计 /33
三、采用不同材质纱线的组合变化进行肌理设计 /34

第三章 针织服装肌理组织设计 35

第一节 针织服装肌理组织分类及特点 /36
一、纬编针织物组织结构及表示方法 /36

二、针织服装肌理组织分类及特点 /36
第二节 针织服装肌理组织设计原则和方法 /40
一、针织服装肌理组织设计原则 /40
二、针织服装肌理组织设计方法 /41

第四章 针织服装款式设计 44

第一节 针织服装廓形设计 /45
一、针织服装廓形分类 /45
二、针织服装廓形设计 /47
第二节 针织服装内结构设计 /49
一、点在针织服装设计中的运用 /49
二、线在针织服装设计中的运用 /51
三、面在针织服装设计中的运用 /53
第三节 针织服装部件设计 /54
一、针织服装衣领设计 /54
二、针织服装肩袖设计 /59
三、针织服装口袋设计 /61

第五章 针织服装色彩与图案设计 63

第一节 针织服装色彩搭配 /64
一、服装色彩基础知识 /64
二、针织服装色彩搭配原则 /65
三、针织服装色彩搭配方法 /68
第二节 针织服装图案设计 /70
一、针织服装单独纹样设计 /70
二、针织服装适合纹样设计 /70
三、针织服装连续纹样设计 /71

第六章 针织服装系列设计 73

第一节 服装单品设计与系列设计的区别 /74
一、服装单品设计 /74
二、服装系列设计 /74
第二节 针织服装系列设计方法 /75
一、主题系列设计法 /75
二、利用针织物的特性进行系列设计 /77
三、运用色彩与图案进行系列设计 /78
第三节 创意针织时装系列设计 /80
一、创意服装设计与成衣设计之间的关系 /80
二、创意针织时装设计及特点 /80
三、针织服装设计理念的创新和系列延展 /81
四、针织服装设计元素的创新和系列延伸 /85

第七章 国际针织服装设计师品牌解析 88

第一节 米索尼品牌（Missoni）/89
第二节 索尼娅·瑞吉尔品牌（Sonia Rykiel) /91
第三节 桑德拉·巴克伦德品牌 (Sandra Backlund) /93
第四节 “兄弟”和“姐妹”品牌 (Sibling) /94
第五节 尼基·加布里埃尔品牌 (Nikki Gabriel) /97
第六节 丹尼尔·保利洛品牌 (Daniel Palillo) /100

参考文献 /103

Chapter 1

第一章 针织服装概述

学习重点

※ 针织服装与梭织服装的区别

※ 针织服装的分类及产品线

※ 针织服装设计发展趋势

第一节 针织服装相关概念

无论是在各大时装之都的秀场上，还是在线上或线下的时装店里，针织服装几乎已经成为每个成熟品牌产品线中不可缺少的重要组成部分。

作为一名服装设计师，要了解针织服装的概念，首先需要了解针织服装基本组织结构的特点。

一、针织物与针织服装的概念

（一）针织物的概念

针织物是利用织针有规律的运动，将喂入的纱线形成线圈，并将线圈和线圈之间相互串套形成的织物。因此针织物结构的基本单元是线圈。（图1-1-1）

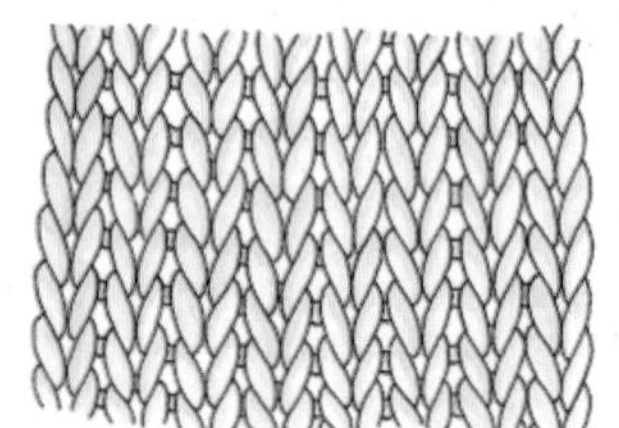

图1-1-1 针织物的基本结构单元是线圈

根据生产方式的不同，针织物主要分为纬编织物和经编织物。

1. 纬编织物

纱线沿着纬向相互串套线圈形成的织物是纬编织物。纬编织物的生产设备主要分为针织大圆机和横机。

纱线沿着一个方向串套线圈形成织物的是针织大圆机。针织大圆机用于生产针织坯布，针织坯布需要经过裁剪、缝纫才能制成针织服装。（图1-1-2）

纱线沿着正反两个方向来回交替变化串套线圈形成织物的是针织横机。针织横机主要用于编织成形的衣片，因此，针织横机编织的服装产品属于成形类针织服装。通常编织成形的衣片不需要裁剪，只需将各个衣片直接缝合成服装，如各种毛衫、毛裤，甚至可采用织可穿技术而不需要缝合就可直接编织成形为服装。（图1-1-3、图1-1-4）

图1-1-2 针织大圆机

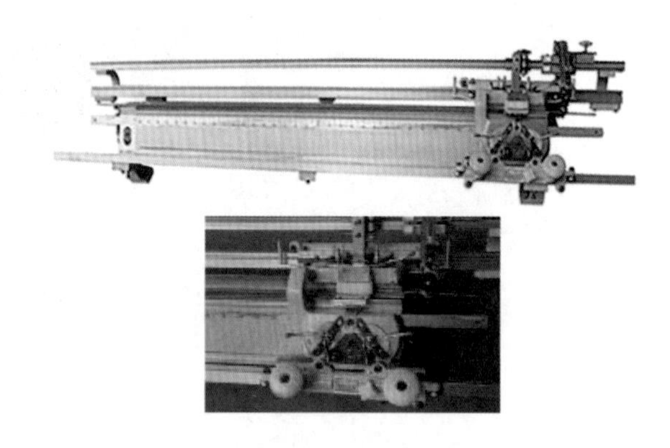

图1-1-3 手摇针织横机

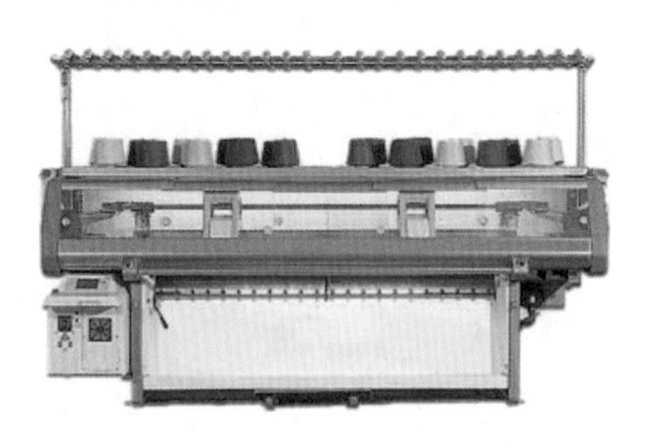

图1-1-4 全自动电脑横机，不仅可以大幅提高生产效率，而且可以通过设定程序来编织复杂的组织结构

2. 经编织物

纱线沿着纵向方向相互串套线圈形成的织物是经编织物。在经编织物的横列中，每根纱线只形成一个线圈，因此经编织物的行列是由多根纱线相互串套而构成。由经编织物制成的服装产品常见的有泳装以及各种网眼蕾丝、抓绒、人造皮革、人造皮草等服装。（图1-1-5、图1-1-6）

图1-1-5 经编机

 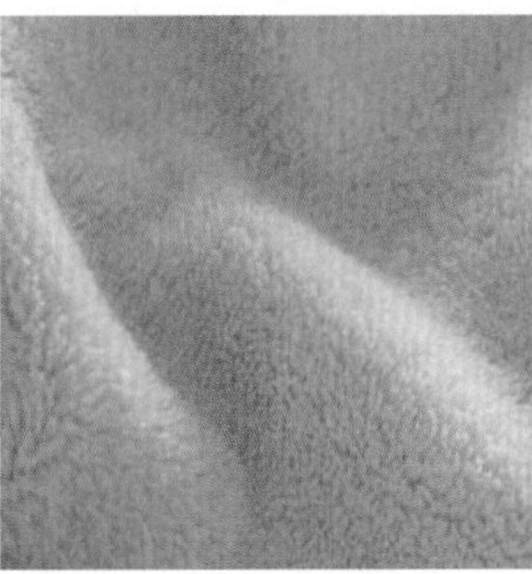 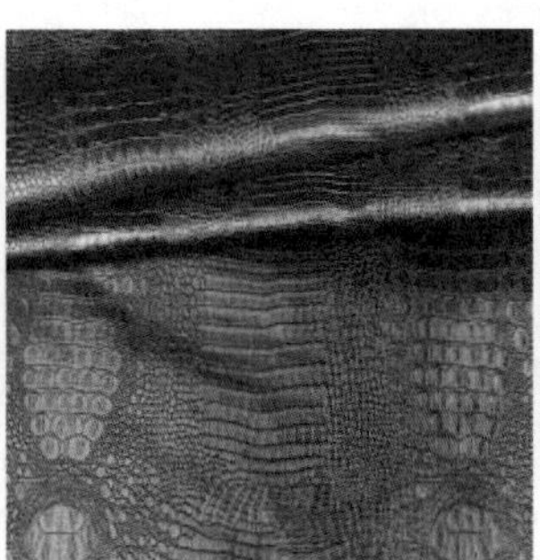 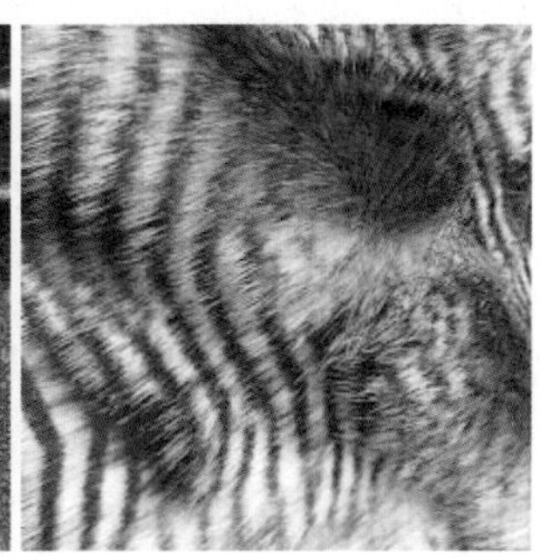

图 1-1-6 从左至右，分别是由经编机生产的蕾丝、抓绒、人造皮革、人造皮草针织面料

3. 纬编织物与经编织物的区别

纬编织物是纱线沿着纬向运动成行编织形成线圈；经编织物是纱线顺着经向依次形成线圈，相临纱线之间又相互套结。简而言之，纬编织物是线圈沿着纬向排列，经编织物是线圈沿着经向排列。因此，纬编织物横向弹性更好，经编织物纵向弹性更好。（图 1-1-7）

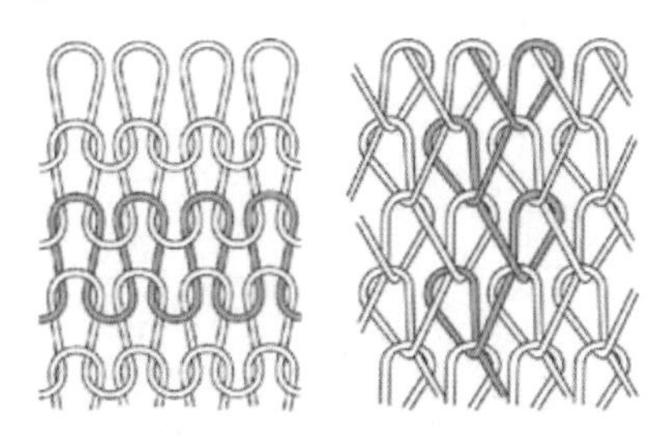

图 1-1-7 纬编织物与经编织物线圈组织结构比较

（二）针织服装的概念

针织服装指采用针织坯布加工而成或采用纱线直接编织成形的服装。

针织服装的范围很广，既包括采用针织坯布（俗称针织面料）经过铺布、裁剪、缝纫等工序加工而成的服装，也包括像毛衫一类的从纱线直接编织成形的服装。（图 1-1-8、图 1-1-9）

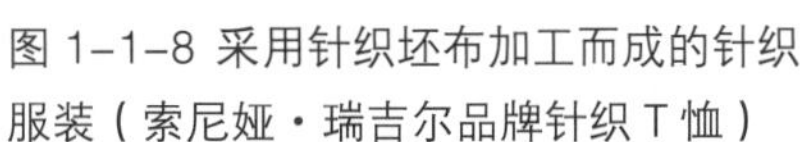

图 1-1-8 采用针织坯布加工而成的针织服装（索尼娅·瑞吉尔品牌针织 T 恤）

图 1-1-9 成形针织毛衫

二、针织服装与梭织服装的区别

如何区分出是针织服装还是梭织服装，需要从针织物和梭织物的结构来判断。

（一）针织物和梭织物的区别

针织与梭织的本质区别是织造方法的不同。针织物的基本结构单元是线圈，而梭织物是由经纱和纬纱垂直交织而成，因此梭织物没有线圈的结构，这是二者之间的本质区别。（图1-1-10）

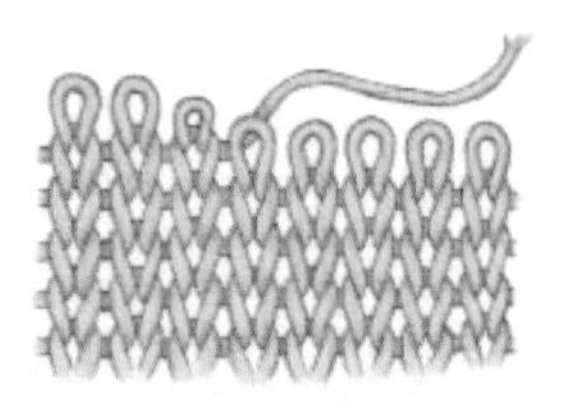
针织物基本结构

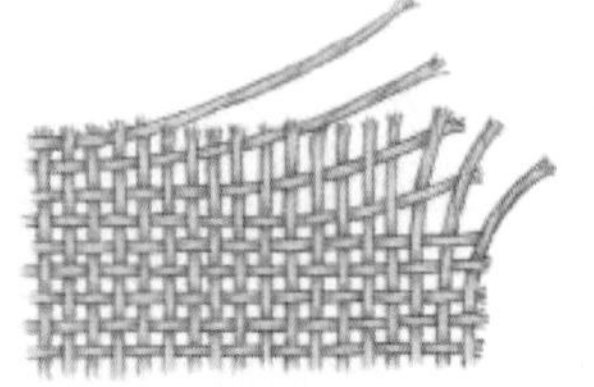
梭织物基本结构

图 1-1-10 针织物与梭织物基本结构比较

（二）针织服装与梭织服装的区别

采用针织坯布加工而成或采用纱线直接编织成形的服装是针织服装；采用梭织布制成的服装则是梭织服装。

得益于现代针织科技的迅速发展，针织服装的质感变化越来越丰富，并不断地颠覆人们对针织服装的传统印象。有些针织服装由于采用极细的高支纱织造，如果不近距离仔细观察，则很难看出是否具有线圈的结构，常常容易被外行和初学者误认为是梭织服装。例如，意大利米索尼品牌的针织衫，有的似丝绸般细腻、轻盈、飘逸且具有自然的光泽，为针织服装赋予了更新的外观效果和肌理感受。（图1-1-11）

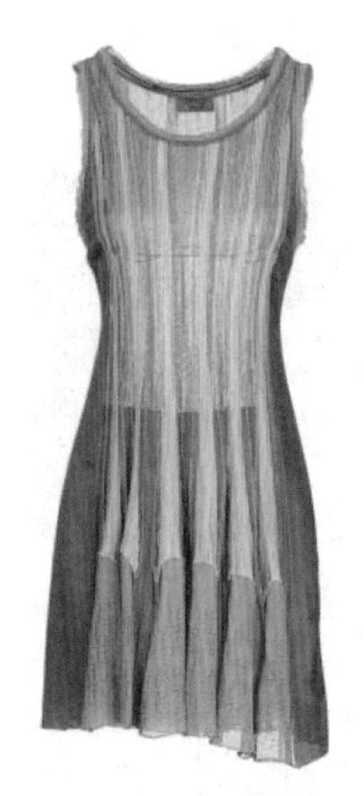

图 1-1-11 米索尼品牌针织裙系列，质感可以如纱般细腻、轻盈、薄透，不断地颠覆人们对针织服装的传统印象

第二节 针织服装的分类及产品线

在人们的衣生活中，针织服装可谓包罗万象，几乎涵盖了服装的所有类别。针织服装的分类可以有很多种。

按原材料划分，针织服装可以分为棉针织装、毛针织装、丝针织装、麻针织装、化纤针织装、混纺针织装等，而每一类别下又可以继续细分。以丝针织装为例，桑蚕丝和柞蚕丝在纱线染色、设计和工艺上都需要有不同的处理方法，需要区别对待。

按产品线划分，针织服装可以分为开襟衫、套头衫、背心、外套、连衣裙、裤子等。

按生产工艺划分，针织服装可以分为横机或手工编织的成形类针织服装以及由针织大圆机或经编机生产的针织坯布经过裁剪、缝制加工制成的针织服装等。

本书聚焦于成形类针织服装设计，并以此为依据进行针织服装的分类和产品线介绍。

一、成形类针织服装及产品线

成形类针织服装最早源自手工编织的针织服装，通过加针、减针的变化来编织成形的衣片，然后将之进行缝合。

手动针织横机和电脑针织横机的相继发明，极大地推动了针织服装的发展，不仅大幅度提高了针织服装的生产效率，使针织服装作为标准号型的成衣进行批量加工成为可能，而且降低了针织服装的生产成本，使针织服装能被更多的大众所消费，并广泛普及。先进科技的引入，还使得图案花型和组织肌理日益丰富，为设计师们提供了更多的创意空间及实现更多的创意想法。

成形类针织服装产品线不论如何推陈出新，通常都是以基本款为原型进行变化和创意的。

（一）套头衫

套头衫，通常也称为套衫，即从头部开口，穿着时只能从头部套入的针织服装。

套头衫既可以被设计成打底衫穿着，也可以外穿，属于经典的传统样式，普及率非常高，可以说在每一季的产品线中都不可或缺。套衫的优点在于不仅保暖性好，而且与其他服装易于搭配，尤其是在寒冷的季节，可以搭配不同的外套，有很好的兼容性。（图1-2-1）

（二）开襟衫

开襟衫，通常也称为开衫，是衣服前襟可以敞开穿的一种服装样式，即衣服前襟是全部分开的，可以有扣或无扣。

开衫的设计源自 20 世纪 20 年代的法国设计师夏奈尔。夏奈尔作为一名具有传奇色彩的时尚偶像，常常亲身演绎自己所设计的服装。这种样式一经推出便久盛不衰，且发展成为了一种经典的式样。

图 1-2-1 针织套头衫

图 1-2-2 针织开衫

开衫造型简洁，是女性各个季节的百搭单品，通常以外穿为主，里面无论搭配吊带衫、T 恤还是衬衫，都容易达到协调的效果，堪称以不变应万变。此外，开衫的另外一个优点是穿脱方便，在适应季节与天气变化方面可以用来灵活地调节冷热温度，这也是开衫一直以来作为热卖单品而受到消费者欢迎的一个重要原因。（图 1-2-2）

（三）针织背心 / 马夹

传统的针织背心是无领无袖结构的套头针织衫，领线以 V 领和圆领为主，通常搭配衬衫穿着。现代针织背心以此为基础，结合流行趋势，为其赋予了更多的设计感，在款式造型上不断被拓展和丰富。例如，领口的高低变化或是增加短袖的结构，使其更趋于外衣化和时装化。

经典的针织马夹是无领无袖结构且前襟系扣的针织衫，多见于男装，通常也是搭配衬衫穿着。（图 1-2-3）

图 1-2-3 针织背心和针织马夹

图 1-2-4 针织连衣裙

（四）针织连衣裙 / 针织礼服裙

长久以来，在针织服装种类中一直以针织毛衫为主，针织连衣裙所占比重较低。近几年来，随着针织的时尚化发展，针织连衣裙逐渐开始成为流行的热卖单品，特别是在寒冷的冬季，大衣外套里面穿一条针织连衣裙，搭配长筒袜和皮靴，是一种既实穿又时尚的装扮。由于针织连衣裙不仅具有良好的舒适感和温暖感，而且可以引导视线上下运动，使身材显得更加修长，能够同时满足人们对美的追求，因此开始被越来越多的人们所接受。（图 1-2-4）

除了针织连衣裙，设计师们也致力于将针织引入到礼服的设计领域，使从前给人以休闲印象的针织品也可以华丽转身为奢美优雅的晚礼服，推动针织服装愈来愈向高档化方向发展。（图 1-2-5）

图 1-2-5 米索尼品牌针织礼服裙

图 1-2-6 针织外套

（五）针织外套

外套是穿在最外面的服装。针织外套本身具有较好的弹性，这使其同时兼具较好的包容性，因此在廓形上针织外套不论是合体的修身造型还是宽松的样式，都可以保证较好的舒适感。此外，由于针织外套在视觉和触觉上与生俱来的温暖感，使其在寒冷的季节自然而然地为人们营造出心理的温暖感，这些特点都有助于拉近消费者的距离。

因此，设计师们如果能够充分把握针织外套的特点，为其注入时尚和创意以及新的技术和工艺，针织外套没有理由不成为秋冬季热卖的单品。

时代在变，观念在变，针织毛衫也在不断发生变化。现代的毛衫设计早已不再局限于套衫、开衫这些传统的款式造型，各种新奇的创意为针织服装赋予了更多的时尚感。款式造型的变化和创新、部件和细节的增加或删减、色彩或明亮艳丽或朴素雅致、风格或活泼俏丽或端庄优雅，甚至各种大胆创意的前卫风格也开始登上了针织时装舞台。而不同材质的组合以及新材料和高科技的运用，更是大大拓展了设计师的创意空间，有助于其打破传统思路的局限，不断探索新的可能。（图 1-2-6）

二、裁剪类针织服装及产品线

裁剪类针织服装特指采用针织面料经过裁剪、缝制而成的针织服装。裁剪类针织服装在加工生产时与梭织面料服装有一定的相似之处，需要经过制作样板、排样、画样、铺料、裁剪、验片、打号、包扎、缝制等流水线工序，最终完成成衣的制作。

裁剪类针织服装最初只是广泛应用于内衣，主要出于卫生和保暖的生理需要而被穿着。随着针织科技的发展，各种时尚针织面料和功能针织面料的推出、人们生活方式的转变以及设计思维的突破，人们对针织面料的观念发生了很大的转变。如今，舒适而不失格调的针织面料服装已经大范围地扩展到运动、休闲和时尚领域的方方面面，甚至包括礼服正装的设计。

下面重点介绍几种常见的裁剪类针织服装。

（一）针织内衣

针织内衣是采用针织面料缝制的穿在最里面的贴身服装的总称，可分为贴身内衣、补整内衣和装饰内衣（图 1-2-7），主要包括背心、短裤、棉毛衫裤、文胸、紧身胸衣、各种打底衫裤、睡衣和家居服等。内衣由于直接接触肌肤，所以要求具有很好的穿着舒适性和功能性，如吸汗、透气、卫生、柔软、皮肤无异样感等。

1. 贴身内衣

贴身内衣指直接接触皮肤，以保健卫生为首要目的的内衣，有背心、短裤、棉毛衫裤等，多采用纬平针、罗纹组织，柔软贴身，具有吸汗、卫生保健、保暖、穿着舒适等功能特点，是现代人生活中不可缺少的一个服装类别。

2. 补整内衣

补整内衣，也称为塑身内衣，特指女性用的文胸

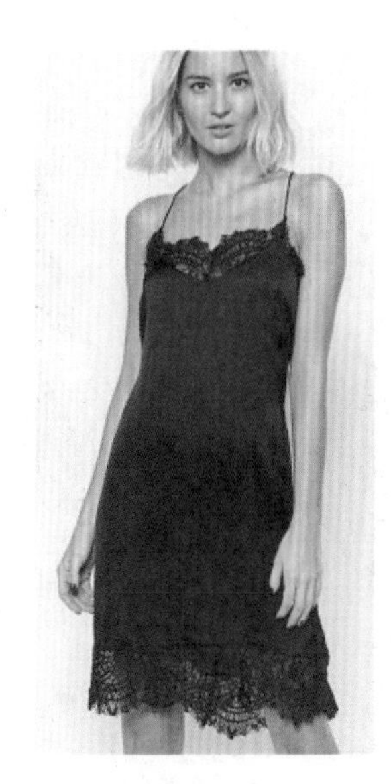

图 1-2-7 从左到右，分别为贴身内衣、补整内衣和装饰内衣

和紧身胸衣等各种塑形内衣，通常采用经编组织针织面料缝制而成。补整内衣主要起到矫正体型、增加人体曲线美和调整服装造型的作用，如紧身胸衣有助于使女性身材呈现理想的曲线形态，重塑身体线条美。

3. 装饰内衣

装饰内衣是穿在贴身内衣外面和外衣里面的内衣，目的是提高穿着的舒适性、方便外衣穿脱、保持服装基本造型以及装饰美化的目的。例如，裙装和礼服的衬裙，对于薄、透、露的服装而言，衬裙不仅可以起到遮羞的作用，而且在设计中通过缝缀花边、刺绣、打褶和色彩搭配等各种装饰手法，还可以使其与外面的服装设计融为一体，增加服装的美感。

（二）泳装

泳装虽然属于运动服装的一种，但由于它主要采用经编针织面料以及其特殊的加工方式，使得泳装发展成为一种独立的服装类别。

泳装作为一种专门的运动服装，是 20 世纪后才出现的。泳装的发展特别是女子泳装样式的变化，体现了传统社会道德观念和人们对性感审美追求之间的矛盾冲突和观念转变。早期的泳装是连体裤样式，可以说是现代女子一件式连体泳装发展的雏形（图 1-2-8）。随着泳装逐渐被人们接受，泳装裤腿的长度也在不断缩短。

图 1-2-8 1920 年的泳装

20 世纪 40 年代，法国人在巴黎推出了比基尼泳装，这种两件式分体泳装的出现，将泳装的发展推向了史无前例的高潮，并引发了人们巨大的争议（图 1-2-9）。比基尼泳装的得名源于 1946 年美国原子弹试爆的比基尼岛，喻意就像原子弹爆炸一样具有令人震撼的冲击力和杀伤力。如今，泳装的款式花样百出，但基本上仍是以一件连体式和两件分体式为原型进行变化。（图 1-2-10）

图 1-2-9 1945 年美国电影演员弗吉尼亚・梅奥、埃拉・雷恩斯穿的比基尼泳装

图 1-2-10 现代泳装款式设计越来越朝着时尚、性感方向发展

特别值得一提的是，泳装除了在款式上不断追求时尚变化，在功能上也不断寻求突破。2000 年悉尼奥运会，澳大利亚游泳运动员伊恩·索普穿着鲨鱼皮泳衣一举夺得 3 枚金牌，使得鲨鱼皮泳衣闻名于世。2008 年北京奥运会，美国游泳运动员迈克尔·菲尔普斯穿着鲨鱼皮泳衣夺取 8 块金牌。鲨鱼皮泳衣，顾名思义是模仿鲨鱼皮肤制作的高科技泳衣，它的核心技术在于模仿鲨鱼的皮肤特点，以降低游泳者在水中的摩擦系数，减少阻力，从而提高游泳速度。（图 1-2-11）

（三）针织运动服装

由于针织面料组织结构具有较好的弹性，即使是合体修身的服装造型，也能保证较好的拉伸性，而不会束缚动作的自由，因此特别适合作为运动服装的材料。

运动服装可分为竞技体育运动服装和非竞技体育运动服装。竞技体育运动服装要求有助于最大限度地挖掘和发挥运动员的身体潜质，以提高和刷新运动成绩。竞技体育运动服装包括各种比赛运动服，例如，常见的足球、篮球、排球运动服，网球、羽毛球运动服，以及田径运动服等。

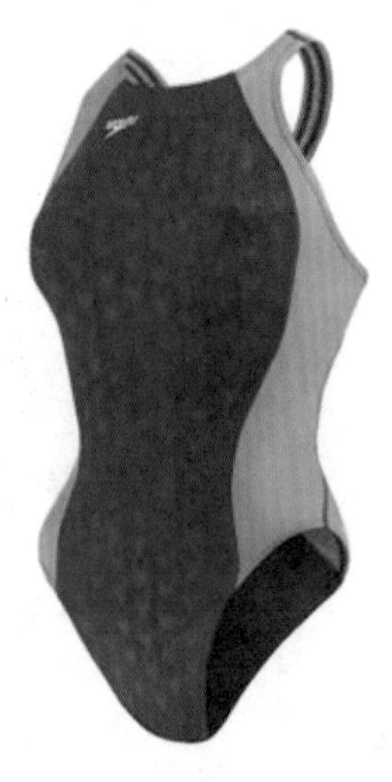

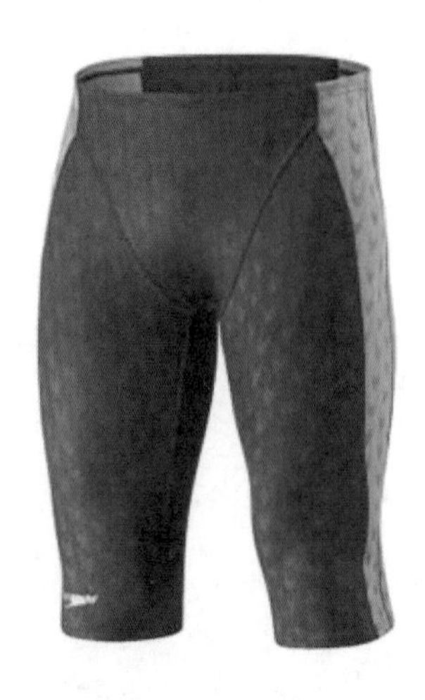

图 1-2-11 速比涛品牌泳装，模仿鲨鱼皮肤特点减少水的阻力以提高速度

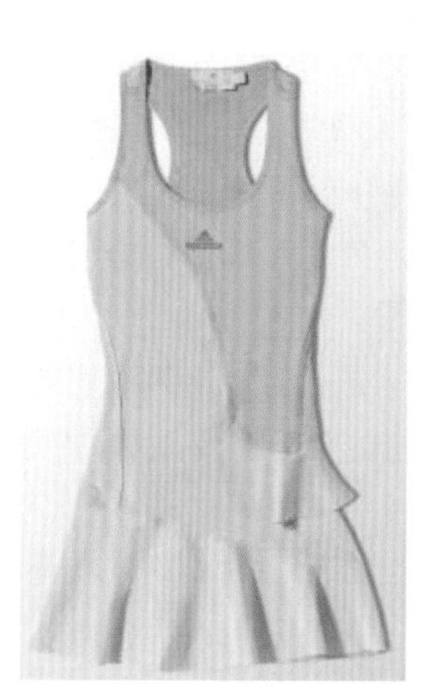

图 1-2-12 斯特拉·麦卡特尼为运动品牌阿迪达斯设计的网球裙

竞技体育运动服装的设计应优先考虑功能性，然后才是审美的需求。在材料上，由于体育运动的要求不同，因此对于弹性、吸湿、快干、透气性、防水、防风等都有不同的考虑。随着科学技术与专业运动服的设计与制作的紧密结合，高科技运动服装不仅有助于提高运动员的成绩，更有助于开发人类自身潜力，并不断提高运动竞技水平。在结构上，竞技体育运动服的设计需要具有人体工程学方面的相关知识，即运动服的板型结构要合理，不仅不能束缚运动员的动作，而且还要有助于运动员比赛水平的发挥。在设计上，竞技体育运动服通常充满动感十足的线条分割和鲜艳醒目的色彩搭配，具有强烈的视觉冲击力和凸显运动的风格特色。（图 1-2-12）

相比较而言，非竞技体育运动服装的设计由于没有比赛成绩因素的严格制约，因而具有较大的设计发挥空间。体育运动的大众化发展，使得非竞技体育运动服越来越普及，同时也越来越向时尚化方向发展。由于运动服具有穿着自由舒适、活动方便的特点以及蓬勃向上的年轻气质，因此被越来越多的人们所接受和喜爱。人们即使并不一定要去参加体育运动，也常常在生活中会穿着运动服，从这一点能够看出，当下人们生活方式和着装观念已经发生了巨大的变化。（图 1-2-13）

图 1-2-13 非竞技体育运动服装穿着舒适自由，适用于运动和生活多种着装用途

（四）针织休闲服装

针织面料的舒适自由的特性使其成为休闲服饰常用面料的重要组成部分。在坯布裁剪类针织服装中，T 恤衫在休闲服饰中具有一定的代表性。

“T 恤”是英文“T-shirt”的音译。第一次世界大战期间，美国士兵注意到欧洲士兵穿着柔软舒适的棉质针织内衣，自己则穿着羊毛制服而大汗淋漓，于是这种棉质针织内衣在美军中开始流行，并取其形状特点将其称之为 T 恤衫。第二次世界大战期间，T 恤衫成为了美国陆军及海军的标准内衣。二战后，由于电影明星们率先穿着 T 恤衫在公共场合露面，推动了 T 恤衫在大众中的流行。T 恤衫搭配牛仔裤成为休闲服装的标配。

T 恤衫由圆领针织背心发展而来，基本款式为圆领或 V 领短袖衫以及半开襟、三粒扣的短袖翻领衫。由内衣发展而来的长袖 T 恤衫也是 T 恤衫的经典造型。T 恤衫具有较强的实穿性，兼具针织内衣和外衣的双重功能，是现代人衣橱里不可缺少的必备单品。

同其他服装相比，T 恤衫的结构比较简单，款式设计通常集中在领口、袖口、下摆部位，以及运用色彩、图案、材质肌理的变化而进行样式的更新。早期的 T 恤衫流行宽大的直线造型，如今 T 恤衫更倾向于时装化，结构造型比较修身，有助于表现身材的曲线。（图 1-2-14）

T 恤衫由于穿着自由舒适、易于搭配，并且易于加工，因而具有高度的普及性。通过以文字、图案、徽标装饰，还常被用作商业、公益、大型活动场合的统一着装，为活动的广告起到推广宣传作用。

文化衫是 T 恤衫的一种，其特点是强调主题表现，通过文字、图形、图案或者前述的结合为 T 恤衫赋予特定的文化内涵和思想情绪。文化衫的题材表现丰富多样且易于“DIY”（do it yourself）制作，可以通过丝网印刷、数码打印和手绘的形式来完成个性化的创作，卡通图案、偶像照片、口号、幽默文字等都可以成为其表现的主题。如今，文化衫已经成为现代人彰显个性、宣泄情绪的一种表达方式。

（五）针织时装

针织服装一旦开始从内衣向外衣方向发展，就不可避免地走向时尚化的道路。这种穿着自由舒适的服装与流行趋势和现代科技相结合，犹如如虎添翼。它不仅打破了传统针织服装单调呆板的印象，在款式变化上应用的各种造型和装饰手法也不断推陈出新，吸引人们的眼球，而且在材料性能和质感上也不断改进和创新，不断给人们提供更舒适的感官享受，因而愈来愈受到人们的喜爱。（图 1-2-15）

图 1-2-14 T 恤衫在设计上越来越倾向于时装化和个性化

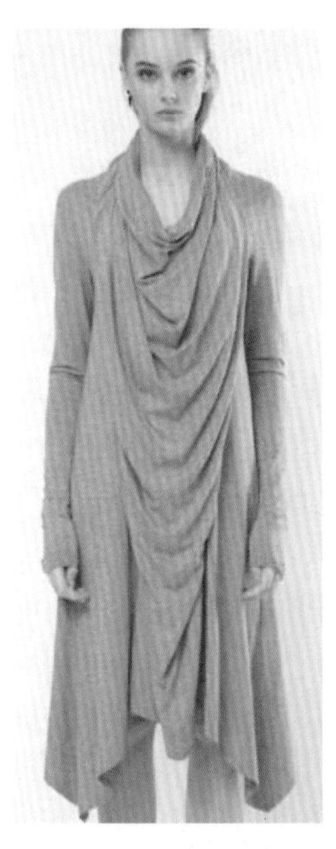
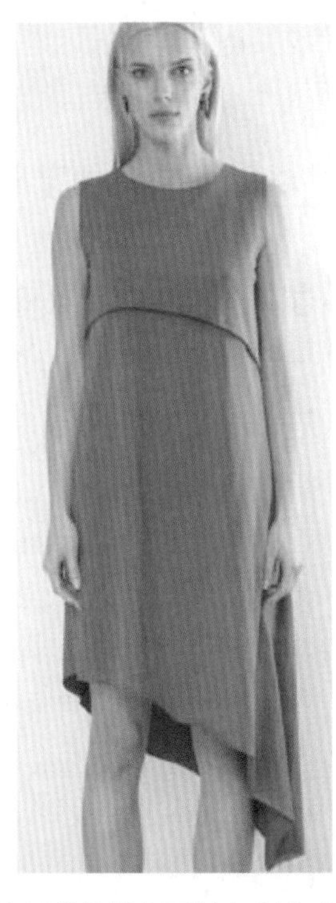

图 1-2-15 设计的融入使得原本平常的针织面料也充满时尚感

第三节 针织服装行业及设计发展趋势

当下的针织服装与传统的针织服装有哪些不同？未来的针织服装又会朝着什么方向发展？产生这些现象的根本原因何在？应该如何应对这些变化并为这些变化提前做好什么样的准备？

古人说，运筹帷幄之中，决胜千里之外。作为针织服装设计师，以上这些问题都需要提前思考清楚，方能为之后的学习和工作把握住方向，而不是被一些表面现象所迷惑，或是人云亦云地被动地追随时尚的变化。

一、针织服装行业的发展

快节奏的生活方式使得人们对穿着自由舒适、易于打理的服装格外青睐，而针织服装由于具有柔软舒适、自然贴体和优良的弹性而应势登入时尚舞台。

（一）工业化、科技化的助推

不论是成形类针织服装还是坯布裁剪类针织服装，传统上主要是出于保暖御寒的需求以及卫生的生理需要而作为内衣穿着，因此在样式上很少有变化。近代针织机的发明和生产技术的不断改进，使得针织服装工业化批量生产成为可能，在技术上推动了针织服装的普及和快速发展，尤其是电脑针织横机的更新换代，使得之前难以实现的组织花型和色彩图案的设计都有可能实现。这既为设计师提供了施展创意的空间，也对设计师的学习力和创造力提出了新的挑战。

（二）生活方式和生活观念的转变

信息技术和交通工具迅速发展的一个重要影响是，人们的生活节奏和工作节奏也在不断加快。人们开始逐渐认识到从服装中解放自己，是人穿衣而不是衣穿人。服装的舒适性成为人们购买时装时需要考虑的一个重要因素。人们工作时所穿的服装也不再像从前那样正统和拘谨，并且越来越多的人选择在家工作。因此，穿着自由舒适的休闲装日益受到人们的青睐，并越来越成为一种主流消费趋势。而针织服装恰好具备这些先天优势，这为针织服装步入时尚舞台提供了时代机遇。

（三）针织服装功能发生变化

同几十年前的针织毛衫相比，人们衣橱中同一类别的针织服装的功能已经发生了很大变化。如今，人们可以通过空调来控制工作的办公室以及乘坐的轿车或公共汽车等交通工具的温度，使之保持冬暖夏凉，这使得从前夏天需要轻薄凉爽的针织衫和冬天需要厚实温暖的针织服装之间的界限已经不那么明显。人们对针织服装的认识和消费不再简单地被理解为是为了保暖御寒的需要，针织服装已经发展成为一年四季皆可穿着的大宗服装商品，并且呈现出行业细分化和产品多元化的发展趋势。

（四）审美观念和创意理念的更新

不同的时代有不同的审美标准，因此时装设计首先要设计具有时代感的服装，这是服装设计师的基本职责所在，否则便难以称之为时装设计师。正是时装设计师们不断推出的新颖设计以及时尚偶像们别具一格的装扮和推广，刺激了一季又一季的时尚消费，同时也在不断推动服装审美观念的发展变化。

显然，传统上陈旧的针织服装样式已经不再能够满足消费者的审美需求，抱残守缺以不变应万变只能坐等被行业淘汰出局。相比较梭织服装业而言，针织服装业的发展起步较晚，也正因为此，针织服装业的发展空间巨大。

作为针织服装设计师，需要立足于时尚前沿，以前瞻的眼光着眼于时代发展的大趋势，不仅能够设计出具有时代美感的服装，而且还能赋予时装以创新的思想和独特的思考。这也是那些国际知名针织服装设计师品牌成名的法宝和魅力所在。

二、针织服装设计发展趋势

针织服装自从步入了时尚舞台之旅，便开始旧貌换新颜，呈现出丰富多彩的时尚风景，并为人们带来了各种奇妙的感官体验。针织服装的款式造型虽然千变万化、令人眼花缭乱，但通过追溯针织服装的发展，可以将其大致归纳为以下几种发展趋势。

（一）内衣外穿与外衣内穿理念的转化

内衣外穿是一种穿衣理念的变革，是指将传统本应该穿在里面的内衣作为外衣穿在外面，以及以内衣特征作为构成元素的时装设计。同理，外衣内穿是指本应该穿在外面的服装被穿在里面的着装打扮。

号称朋克之母的英国设计师薇薇安·韦斯特伍德，在 20 世纪 80 年代初期推出了一个大胆的做法，将文胸穿在外衣的外面，这种在当时看起来是惊世骇俗的内衣外穿理念，如今已经成为一种潮流而逐渐被人们所接受，并且影响到了后来多位设计师的创作灵感。走在时尚前沿的演艺圈明星们更是身先士卒，演绎着不同造型的内衣外穿时装，对这种内衣外穿的流行起到了推波助澜的作用。（图 1-3-1、图 1-3-2）

如今，内衣与外衣之间的界限正在逐渐被打破，内衣元素的款式设计已经成为一种时尚风貌，而外衣内穿的层叠穿法也已成为一种穿衣风格而广为流行。

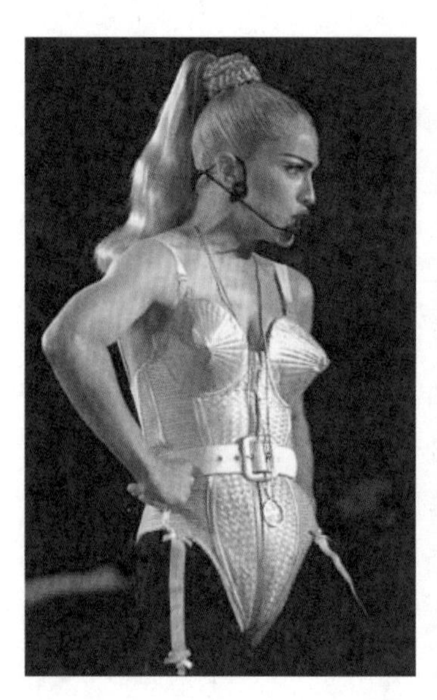

图 1-3-1 1990 年麦当娜全球巡回演唱会的锥形紧身胸衣演出服（让·保罗·高提耶设计）

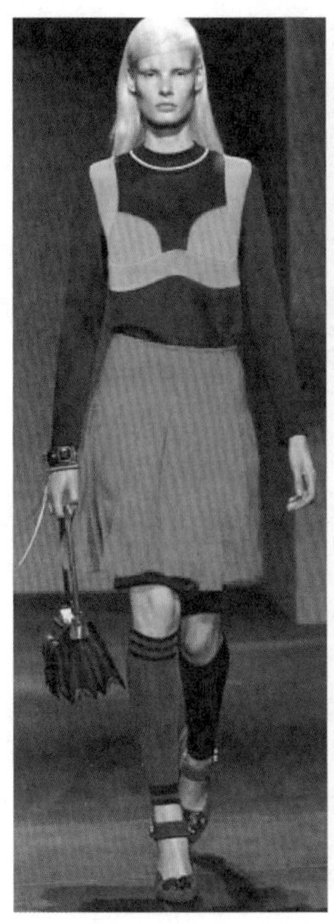
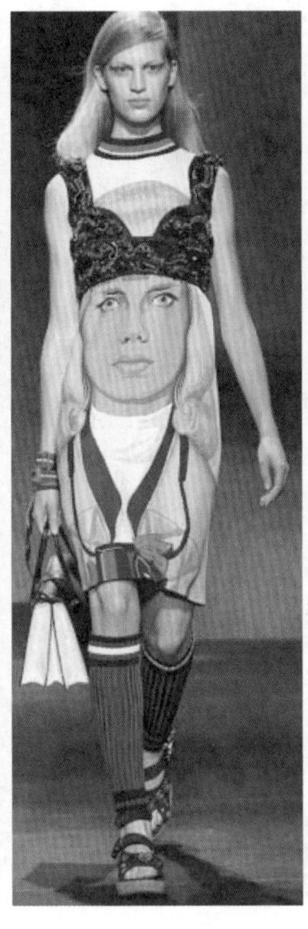

图 1-3-2 将内衣外穿理念、灵感来源于墨西哥壁画艺术的人物绘画、撞色以及运动风格的护腿袜多种元素混搭融合（普拉达品牌设计）

（二）时尚化

古往今来，服装作为流动的风景线一直是引人注目的焦点。针织服装一旦向外衣方向发展，就不可避免地开始与时尚密切联系。服装不仅仅是展示给别人看的一道风景，同时也需令自己赏心悦目。由于设计的融入和流行趋势的引导，针织服装也像梭织服装一样愈来愈时尚，即使是穿在里面的内衣也不甘示弱，成为一道引人注意的秘密风景。

例如，成立于 20 世纪 70 年代初的美国内衣品牌“维多利亚的秘密”，以性感、神秘、浪漫、奢华闻名于世，每一次时装秀都以别出心裁的创意而令人期待，堪称是一场充满时尚魅力的饕餮盛宴（图 1-3-3）。该品牌受启发于 19 世纪英国维多利亚女王时代的服装，当时女性服装大量运用蕾丝、荷叶边、蝴蝶结、缎带以及褶皱等元素，层层叠叠的装扮虽然包裹严密，但女性味十足。维多利亚时代的服装外观不仅集华丽、

图 1-3-3 美国内衣品牌“维多利亚的秘密”将内衣推到了时尚的聚光灯下，每一季秀场都备受瞩目

柔美和性感于一体，同时衣裙下的紧身胸衣作为一道秘密风景自然也激发人们的好奇心和想象力。在这种意境下，“维多利亚的秘密”作为一个内衣品牌所展示的不仅仅是一种服饰风格，更是专属于女性的一道秘密风景，重要的是它还引领了一种时尚的生活态度并改变了人们对内衣的传统看法。

（三）高档化

曾几何时，内衣因穿在服装的里面而秘不示人，不被人们重视，不仅缺乏设计感，而且也比较低廉。如今随着人们生活水平的提高，人们不仅追求外衣的品质和品牌，而且也开始注重内衣的格调。尤其是当性感成为人们对美的一种共识而无需再遮遮掩掩时，内衣在时尚化的进程中也不断向高档化方向发展，以满足不同层面人们的消费需求。

例如，美国内衣品牌“维多利亚的秘密”，不仅以时尚著称，而且历年发布会都会推出奢华内衣作为秀场的压台戏，通常以钻石或宝石进行装饰点缀，极尽奢华之能事，令人咋舌。以 2014 年“维多利亚的秘密”时装秀为例，超模阿德里亚娜·利马和亚历山大·安布罗休分别身穿蓝色和红色镶满宝石及珠串的豪华内衣亮相，这两款天价内衣每个价值 200 万美元，将内衣的奢华尊贵推向极致（图 1-3-4）。“维多利亚的秘密”每次时装秀都不惜重金，致力于将自己打造成为国际级的时尚派对，吸引全球瞩目，对其品牌进行宣传推广，意图在于本该品牌塑造成为高端内衣品牌形象，从而成为国际级内衣品牌的领头羊。

图 1-3-4 美国内衣品牌“维多利亚的秘密”的两款天价内衣，每个价值 200 万美元

再如，意大利针织服装品牌米索尼，其产品线几乎涵盖了服装的所有领域。在人们对针织服装的传统印象似乎仍停留在休闲服装层面时，米索尼不仅牢牢占据了针织服装休闲时尚的高端市场，而且不断挑战技术极限，使其针织面料可以像梭织面料一样细腻、轻薄、飘逸，甚至还涉及到了正装和礼服系列，满足了人们对服装的多方位需求，并树立了其奢华尊贵的高端品牌形象。（图 1-3-5）

（三）风格的个性化和多元化

从服装业发展现状来看，由于全球化和流行趋势的引导，服装市场的款式趋于同质化，彼此之间相互模仿而缺少竞争力。然而从国际知名品牌发展历史来看，一定是具有特色的服装品牌才有可能在大浪淘沙过程中最终胜出，在激烈的竞争中力求发掘空白点、找准位置，做到人无我有、人有我优，始终领先于市场，与众不同。

因此，着眼于服装业的发展前景，在服装市场趋于白热化的竞争中，服装的消费需求也将由数量的增加向品质的个性化和多元化方向发展。服装品牌如果想在市场中占有一席之地，就要着眼于产品的差异化发展。

同梭织服装相比，针织服装虽然起步较晚，但是也面临着同样的问题。经过历史沉淀的知名针织服装品牌均具有自己的风格特色，易于识别、独树一帜，

图 1-3-5 灵感来源于吉普赛民俗服饰，大量运用流苏、荷叶边、褶皱、层叠和拼接，不仅富有年轻活力和异域风情，而且于时尚中充满华贵气息（米索尼品牌设计）

呈现出百花竞放、交相辉映的局面，而不是盲从于市场，或是墨守成规而一成不变。

例如，英国内衣品牌“大内密探”，其设计宗旨是提供出自设计师之手的高品质内衣，因其创意设计具有可以刺激、诱惑和唤醒穿着者及其伴侣的功效。其设计手法超越常规、大胆前卫且充满创意。充满诱惑和具有暗示色彩的透视装性感内衣是“大内密探”内衣品牌的特色。特别值得一提的是，“大内密探”内衣品牌是由国际知名设计师和具有朋克女王之称的薇薇安·韦斯特伍德的儿子乔瑟夫·科尔和儿媳赛琳娜·瑞茜于 1994 年共同创建的伦敦高级内衣品牌，如今该品牌以其别具一格的设计和高品质已跃升为国际知名内衣品牌。（图 1-3-6）

即使是传统毛衫的发展，在设计上也愈来愈表现出多元化的设计风格。特别是那些针织服装设计师品牌通常都是以独特的设计理念和鲜明的个性化风格而给人们留下深刻的印象，从而在日益激烈的竞争中脱颖而出。

图 1-3-6 创建于 1994 年的英国内衣品牌“大内密探”，以别具一格的设计和高品质而跃升为国际知名内衣品牌

对于传统针织毛衫而言，特别是羊绒衫，由于原材料成本昂贵，一些企业不愿冒设计的风险，习惯于因循守旧而选择常规的款式进行生产，因此市场上羊绒衫的款式大多比较陈旧，鲜有变化，这种款式的雷同也导致了竞争的进一步加剧，使企业的运营步履维艰。德国针织服装设计师品牌 Allude(中文含意是“暗指、间接提及”)率先打破了这个僵局，迅速赢得了消费者的热烈回应而占领了市场先机。1993 年，Allude 品牌创建于德国慕尼黑，创始人安德列·卡格曾是一名时装模特，她发现了高价位且又时尚的羊绒衫市场的空白。她以现代、时尚和前沿的设计为这种传统开司米针织衫赋予了全新的感觉，以“柔软的叛逆”作为其品牌的广告和宣言，使羊绒衫不再单纯是一种成本昂贵的产品，更重要的是高贵、优雅且充满现代气息的时尚奢侈品，为羊绒产品注入了更多的设计感和附加值，并牢固树立了该品牌在市场中的地位。(图 1-3-7)

(四)功能化

针织服装由于具有较好的弹性，穿起来柔软、舒适、自由，因而在服装上的应用范围十分广泛。例如，对性能要求较高的各种竞技类运动服装，以及对舒适性和安全防护性要求较高的婴幼儿服装，这些需求都为功能性针织服装的不断完善提供了巨大的开发空间和市场前景。

功能性针织服装的发展总是离不开高科技力量的介入。自 20 世纪 90 年代末，服装公司运用计算机辅助针织技术来提高针织服装生产效率的做法开始普及，并使得针织服装可以得到更好的后整理效果。这些通过电脑程序控制的编织机器也使得以三维的形式生产整件没有接缝的针织服装成为可能，即生产的服装一次成形而无需额外的缝合或处理，这种织可穿无缝针织服装可以更加贴合人体的结构，减少对皮肤的刺激，进一步提高了针织服装的舒适度。

日本服装设计师三宅一生运用无缝针织技术研发出一种服装体系，称之为“一块布”的设计埋念，即在机器编织出来的连续的管状针织物上进行部分裁剪，直接成为不同样式的服装，使得穿着者可以参与设计过程，根据自己的喜好进行设计(图 1-3-8)。

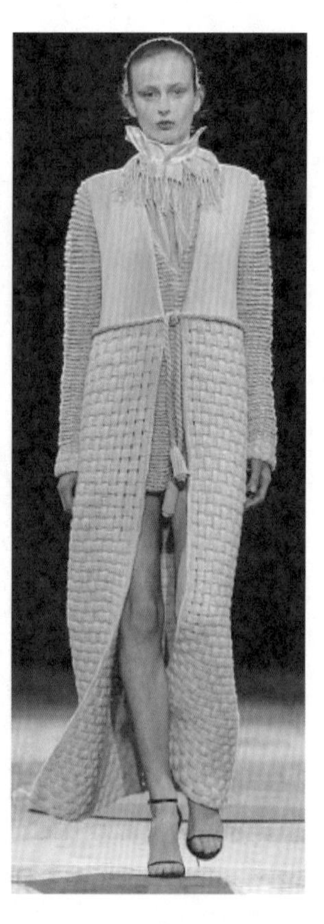

图 1-3-7 德国针织服装设计师品牌 Allude，以奢华、精致的设计和现代感赢得了消费者的青睐

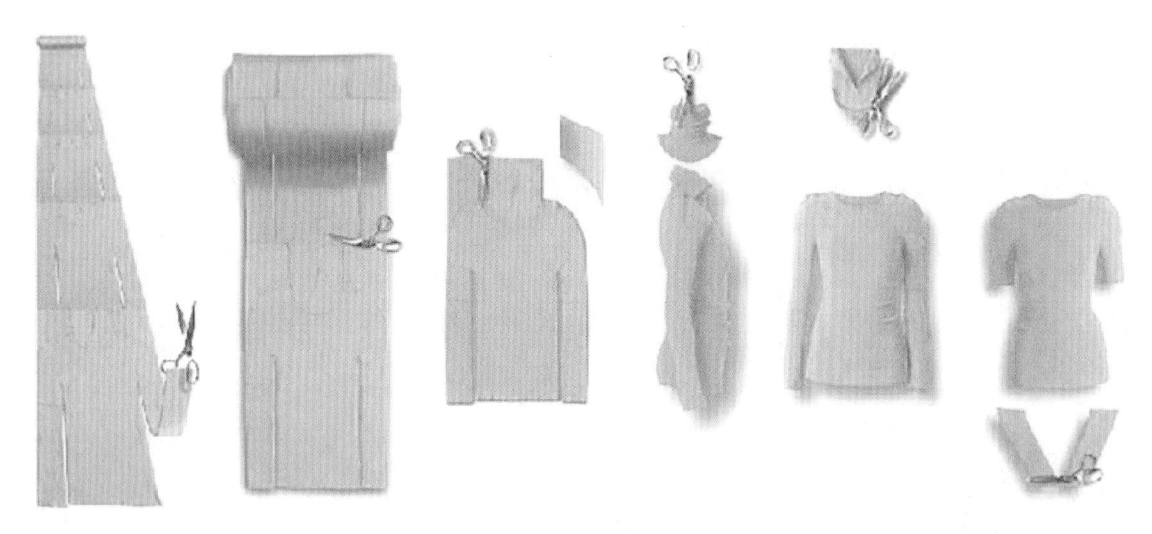

图 1-3-8 日本服装设计师三宅一生的“一块布”设计理念的运用

例如，通过裁剪可以让一条连衣裙变成一件上衣和一条裙子，或者长袖上衣变成短袖上衣或无袖衫。这种让消费者参与设计过程的想法是独特的，将看似矛盾的批量生产与定制服装相结合，不仅是设计理念的大胆创新，为三宅一生品牌注入了无形的品牌价值，更重要的是同时具有可行性并创造出了巨大的商业价值。这种设计与科技的融合对其他设计领域也是重要的启发。

（五）生态化

由于地球资源的有限，可持续发展不可避免地成为人类社会发展的重要主题和方向。服装产业链从原料到成品的每一个环节，都有可能对自然环境造成巨大的污染，并对从业人员身体健康带来危害。在这样的背景下，低碳环保生态设计理念日益成为服装发展的重要潮流，并具有深远的社会意义。

低碳环保指的是低能耗、低排放，从而减少对环境的污染，实现人与自然的和谐共生。以低碳环保生态设计为倡导理念，一些服装行业组织、企业和设计师们做出了不同的设计实践。例如废旧衣物回收再利用、节约资源和使用可循环再生的材料进行设计，以及采用自然染料进行染色等。（图 1-3-9）

简而言之，生态设计和消费的指导原则主要包括：1）减量设计，即减少生产过程中使用的材料和数量；2）为再次使用而设计，即延长产品的生命周期，提倡慢时尚，回归自然；3）为循环再生而设计，即采用可循环再生的原材料，提高材料的重复利用效率；4）为回收而设计，即回收废旧衣物二次设计，减轻自然环境的负荷程度。

图 1-3-9 澳大利亚针织服装设计师尼基·加布里埃尔大力倡导低碳环保生态设计理念，提倡慢时尚，设计所采用的材料主要来源于本土回收再利用的羊毛、蚕丝、羊驼毛和山羊绒混纺的纱线

Chapter 2

第二章 纱线的选择与针织服装设计

学习重点

※ 纱线的基本分类、特点及对设计的影响
※ 纱线的选择对针织服装设计风格的影响
※ 纱线的选择对针织服装肌理设计的影响

第一节 针织服装纱线分类及选择

克里斯汀·迪奥曾说："我的许多服装灵感来源于面料本身。"对于成形类针织服装而言，与裁剪类针织服装和梭织服装的重要区别之一在于：设计师的工作是从纱线开始着手。纱线既会启发针织服装设计师的创作灵感，同时也需要针织服装设计师为它赋予新的思想和价值。这就要求针织服装设计师要了解关于纱线的基础知识以及如何运用纱线来为设计服务，以达到理想的设计效果。

一、针织服装纱线及分类

（一）针织服装纱线

纱线在服装材料学中的定义是"纱"和"线"的统称。"纱"是将许多短纤维或长丝排列成近似平行状态，并沿轴向旋转加捻，组成具有一定强力和线密度的细长物体。"线"是由两根或两根以上的单纱捻合而成的股线。

针织服装所用纱线对纱线的品质要求较高，要求捻度较小、强度适中，以适于编织。由于纺织科技的迅速发展，针织服装纱线品种不断推陈出新，且性能各异，并常常以新技术、新概念和新面孔示人。因此，针织服装设计师要想走在潮流的前沿，不仅需要了解关于纱线的基础知识，而且应该密切关注纱线发展动态，将设计、科技和流行相融合，为针织服装赋予更新的思想内涵和设计价值。

（二）针织服装纱线分类

由于针织服装设计是从纱线开始，因此针织服装设计师应对纱线具有基本概括的了解，并能够将其合理有效地运用到设计中。

从不同的角度出发，针织服装纱线可以有不同的分类方法。例如，根据原料种类的不同可以划分为天然纤维和化学纤维。

1. 天然纤维类

天然纤维主要可分为植物纤维和动物纤维。例如，比较常见的棉、麻等属于植物纤维，毛、丝等属于动物纤维，它们都是比较传统的原材料，在外观和质感上具有各自鲜明的特点。

2. 化学纤维类

化学纤维可继续细分为再生纤维和合成纤维。

再生纤维主要有再生纤维素纤维和再生蛋白质纤维。例如，再生纤维素纤维有黏胶纤维、莫代尔纤维、天丝纤维、莱赛尔纤维等，再生蛋白质纤维有大豆蛋白纤维、牛奶蛋白纤维等。再生纤维不仅具有与传统天然纤维相近似的性能，穿起来自然舒适，而且常常还具有其他的优异性能。例如，竹炭纤维具有抗菌抑菌、祛除异味等保健功效。再生纤维作为新兴的原材料，不仅具有巨大的发展前景，同时也为针织服装设计师提供了创新的思路。

合成纤维品种繁多，同天然纤维相比，其具有价格低廉、结实耐用等优点，因而得以广泛地应用。例如，常见的有涤纶、腈纶、锦纶、氨纶等。在针织服装设计生产中，合成纤维作为原材料既可以单独使用，也常常与其他纤维相混合使用，目的是在服用性能和成本控制方面保持相对平衡。

二、针织服装纱线选择标准

手工编织和机器编织对纱线有着不同的要求，二

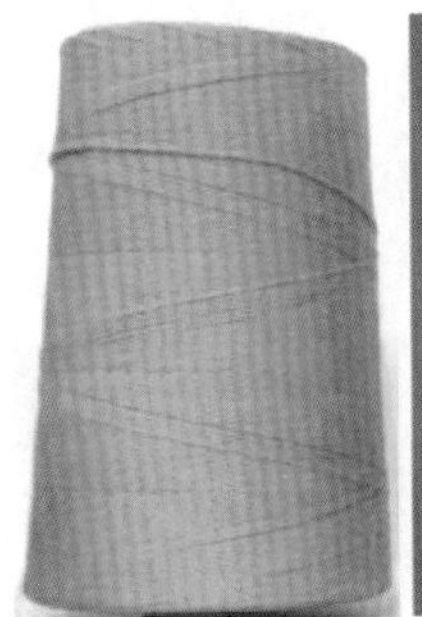
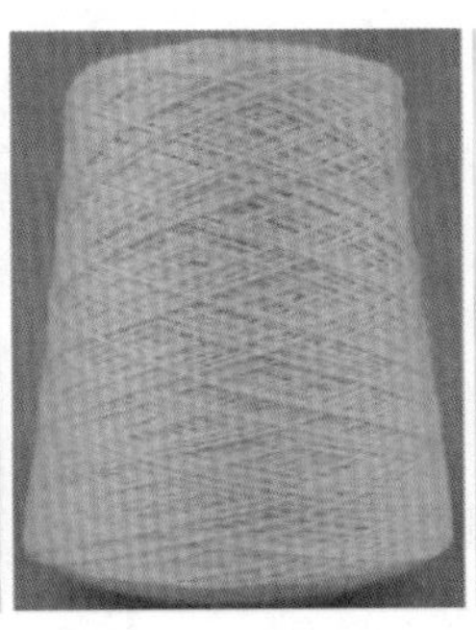

图 2-1-1 从左至右，分别是天然的棉、羊毛、桑蚕丝和亚麻纱线

者各有不同的优势和劣势。设计师在开始设计之前应该对这些基本情况了然于胸。

通常而言，手工编织对纱线的限制条件较少，几乎任何纱线都可通过手工编织来完成，特别是当追求一些夸张、不寻常的视觉效果时，常常需要借助手工编织来实现。但是，手工编织由于花费时间较多，所以人工成本较高，同时受制于手工艺人自身的熟练程度和编织习惯，在号型规格和尺寸方面难以控制。

机器编织的优点是可以大幅度提高生产效率，以适应流行趋势的变化，尤其是对于快时尚而言，缩短的生产周期意味着可以永远处于时尚的前线，以避免因为产品的过时而加重库存的负担。同时生产成本的降低，使得针织时装以较低的价格满足大众消费的需求成为可能。同手工编织相比，机器编织对纱线的要求较高，在选择时需要考虑到一些基本限定条件以使设计具有批量生产的可行性。

由于纱线在针织横机上形成织物的过程中要受到复杂的机械外力作用，如拉伸、弯曲、摩擦等，因此，任何一个环节的问题都会影响到生产的顺利进行。采用针织横机选择纱线时应注意考虑以下要素：

（1）纱线应条干均匀，具有良好的光洁度。这是针织纱线的一个重要品质指标。在机器编织过程中，纱线在与机器零部件接触时会发生摩擦，表面粗糙的纱线会遭遇较大的阻力，从而产生较大的纱线张力，影响线圈结构的稳定性；而条干均匀的纱线则有利于织针顺利通过形成整齐均匀的线圈，使织物表面平整光洁，并减少织针被卡住、断线、掉线圈等问题的发生，使操作更加容易和顺畅。

（2）纱线应具有一定的柔软性。柔软的纱线易于弯曲形成线圈，并减少对机器零部件的摩损，而且柔软的纱线在服用性能上也更加贴体舒适。

（3）纱线要具有适当的强度和延伸性。由于在机器编织过程中，纱线要承受一定的拉伸和摩擦等外力的作用，因此要有适当的强度和延伸性，以减少断线等问题的发生。

（4）纱线还要具有适当的捻度。纱线捻度过大，编织时纱线容易产生扭结，不易形成线圈，并影响到织物的柔软性和弹性；纱线捻度过小，则会影响纱线的强度，同时过于蓬松的纱线会导致织物表面容易起毛起球，影响服用性能及美观性。

三、针织服装纱线成分的选择及组合

不论是天然纤维纱线还是化学纤维纱线，它们都具有各自的特点，在针织服装原料的选择阶段需要设计师根据设计风格、设计所要达到的效果以及价格定位等因素进行综合考虑。因此，从设计和生产加工的角度出发，还涉及到纱线的成分选择和组合应用。

（一）纯纺纱线

纯纺纱线是指由单一纤维材料纺成的纱线。纯纺纱线的成分既可以是传统的天然纤维，也可以是各种化学纤维制成的纯纺纱线。采用纯纺纱线的原因是可以完全突出单一纱线自身的性能和特点。例如，婴幼儿贴身穿的针织服装多采用100%棉纱线，以增加舒适感并尽量减少对皮肤的刺激，而有些快时尚的冬季针织衫采用100%腈纶纱线，则是出于既要达到保暖效果又要控制成本，以保持低价位销售的目的。

（二）混纺纱线

混纺纱线是指由两种或两种以上纤维材料纺成的纱线。采用混纺纱的目的主要有两个原因：其一，混纺纱可以集合不同纱线的优点，以弥补单一纱线所产生的缺点。例如，由93%棉和7%氨纶构成的纱线，其针织物既可以保证棉的自然舒适感，同时又具有一

图2-1-2 适于手工编织的纱线（左图）和适于横机编织的纱线（右图）比较

图 2-1-3 花式纱线

定的弹性，使服装不易松弛变形。其二，是出于降低成本的考虑。例如，由 50% 羊毛和 50% 腈纶构成的混纺纱线，其针织物既具有羊毛般的蓬松质感和保暖性，同时又可以大幅降低原材料成本，这也是市场上针织装大多采用混纺纱线的主要原因。

（三）花式纱线

花式纱线又称特种纱线，是指采用特种原料、特种工艺及特种设备对纤维或纱线进行加工而获得的具有特殊结构、外观和质感的纱线。这种纱线具有独特的装饰效果，主要包括花色线、花式线等。花色线外观呈现出长短或大小不同的色段、色点，具有丰富的色彩变化。花式线在结构上立体感强，肌理效果突出，通常具有蓬松别致的外观风貌，辅以色彩的变化，具有较强的装饰性，例如各种圈圈纱、大肚纱、羽毛纱等。

花式纱线由于其视觉和触觉效果非常突出，同时借助于纺织科技的发展在花色品种上又不断推陈出新，因而其本身就具有较强的时尚感，为针织服装设计提供了更多的创意可能性。

第二节 纱线的选择与针织服装设计风格

纱线是影响针织服装设计风格的一个重要因素，关系到针织服装外观效果、性能和品质。纱线的选择是否合理将直接关系到设计的成败。

通常来说，横机编织针号 3、5、7、9 针为粗针，粗针适用于较粗的纱线编织。粗针编织毛衫的外观特点是比较厚重，且组织纹理凹凸变化明显，肌理效果突出。针号 12 针以上的为细针毛衫。随着针号的增大，其外观特点倾向于质感更加细腻，组织纹理变化微妙而不再突出，以及更加轻盈。

秋冬季的针织外套要求突出服装的廓形感，因此多选择毛形感丰满的纱线，塑造温暖厚实的感觉，以及采用较粗的纱线或多股纱线合股编织来强调服装表面的肌理感。春秋季的针织衫可单独穿着或搭配外套，通常要求纱线柔软舒适，纱线的粗细作居中考虑以及倾向于选择较细的纱线。夏季的针织衫则倾向于选择凉爽、细腻、亲肤性好的细纱线，以适应炎热的气候。

图 2-2-1 针号为 3 针的粗线编织与 12 针的细线编织相结合，形成质感的鲜明对比（Stine Ladefoged 设计）

不同种类的纱线既具有各自不同的自然属性，同时也被赋予了内涵丰富的社会属性。因此，在塑造针织服装设计风格时，需要考虑选择适合的纱线来烘托服装设计风格的表现，以满足服装设计定位和消费者的心理诉求。以下通过几种常见的针织服装设计风格对纱线的选择来进行举例分析。

一、奢华尊贵风格

奢华尊贵风格的重点在于从纱线原材料到设计都彰显出华贵优雅的气息，这种气质由里及外，具有明显的特质而难以仿冒。虽然其表现有心理层面氛围的营造，例如品牌的历史、店面装饰、营销宣传等，但更需要产品物质层面的高品质基础才能支撑这种风格。

1. 羊绒

在天然纤维纱线中，羊绒无疑高居榜首。羊绒，又称开司米，是生长在山羊外表皮层、掩在山羊粗毛根部的一层薄薄细绒，入冬时长出，开春后自然脱落，以适应寒冷季节气候的变化。羊绒的交易以克论价，被称为“软黄金”，属于珍稀的动物纤维，其珍贵之处不仅源于产量稀少，还因为其品质的优异而无与伦比，因此还具有“纤维皇后”的美誉。羊绒是一根根细而弯曲的纤维，其中含有很多的空气，形成空气层，可以抵御寒冷的气候而保持体温不会降低。

羊绒比羊毛更加纤细，外表鳞片也远比羊毛更加细密、光滑，因此具有极其柔软、细腻、温暖、轻盈、柔韧性好和光泽自然等特性，这确保了羊绒制品作为高档奢侈品的地位。羊绒特别适合作为冬季针织服装的原材料，不仅具有优良的保暖性和舒适性，而且还可以彰显奢华尊贵的风范。（图 2-2-2、图 2-2-3）

2. 桑蚕丝

在天然纤维纱线中，蚕丝是一种极具代表性的贵重的原材料。由于一只蚕的生命只有 28 天，同时由于自然条件的限制，其一生所吐的丝不过几百米长，因而也注定了蚕丝制品的稀有性和神秘感。蚕丝的种类因蚕的食物不同而分成不同的类别和等级，如桑蚕丝、柞蚕丝、蓖麻蚕丝、木薯蚕丝等，其中以桑蚕丝最为名贵。所谓桑蚕丝，是指食桑树叶的熟蚕结茧时分泌丝液凝固而成的连续长纤维。同其他蚕丝相比，桑蚕丝不仅性能更加优异，也更易于染色和加工处理，在色彩变化上可以更加丰富和艳丽。由于蚕丝是一种多孔纤维，所以具有优良的吸湿性和透气性，穿着舒适，亲肤性极好，不仅柔软飘逸、滑爽细腻、具有珍珠般自然柔和的光泽，而且还具有护肤保健作用，因此古往今来备受东西方人们的青睐而成为奢侈品的象征。蚕丝制品适合一年四季服用，尤其是在梭织服装领域比较常见。随着针织服装的兴

图 2-2-2 生长在高寒气候下的山羊和羊绒纱线

图 2-2-3 羊绒衫设计风格多以简洁为主，以凸显纱线的华美质感

图 2-2-4 桑蚕茧和桑蚕丝纱线

图 2-2-5 桑蚕丝针织衫

起，蚕丝不论是对于针织内衣还是针织外衣，都有较大的设计空间而有待开发。（图 2-2-4、图 2-2-5）

3. 其他

将不同原材料进行混纺，是传统纱线创新发展的一大趋势，不仅可以集合不同材料的天然优点，而且在外观上也更加新奇别致。除此之外，具有新颖外观和特别性能的各种人造纤维和合成纱线层出不穷，不断丰富人们对奢华的理解和对时尚的追求。（图 2-2-6）

图 2-2-6 羊绒和桑蚕丝混纺纱线，两种原材料的混合相得益彰，兼具保暖和浑然天成的柔美光泽，给人以奢华的感官享受

二、经典优雅风格

经典是指能够经受住时间考验而沉淀下来被人们广为认可接受的风格，其特点是经久不衰和具有典范性。优雅在风格上是指具有较高的格调而不落俗套。

精纺羊毛

在针织纱线中，精纺羊毛在表现经典优雅风格时具有一定的代表性。精纺羊毛从原料到工艺都要求较高，所用原料纤维较长且细，梳理平直，纤维在纱线中排列整齐，纱线结构紧密。因此，织物外观具有平整光洁、组织纹理清晰细腻，以及手感柔软舒适、温暖、富有弹性的特点。精纺羊毛具有精致细腻、沉稳内敛的性格特质，不仅适合表现经典优雅的服饰风格，而且还适用于以此为基础呈现不同的风格倾向，例如偏简约、偏时尚或偏奢华等。（图 2-2-7）

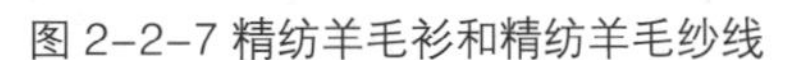

图 2-2-7 精纺羊毛衫和精纺羊毛纱线

图 2-2-8 从左到右，分别为粗纺羊毛纱线、粗纺羊毛针织小样和粗纺羊毛衫

三、自然休闲风格

自然休闲风格的特点是自由舒适、自然随意，令人有放松的感觉，通常是指人们在非工作状态下的休闲生活中所穿着的服装。

1. 粗纺羊毛

同精纺羊毛相比，粗纺羊毛纱线中纤维排列不整齐，结构蓬松，表面有短而细密的绒毛，织物较为厚重、挺括、毛形感强。粗纺羊毛具有粗犷、不拘小节的性格特点，适合表现豪放大气、休闲放松、回归自然等主题风格。（图 2-2-8）

2. 棉

棉是一年生草本植物。棉纤维吸湿、透气性好，手感柔软，不易起毛球，但弹性和抗皱性差，具有质朴、纯净、谦和的特点。由于穿着舒适，棉针织物在内衣中得以广泛应用，在针织外衣中特别适合表现自然、休闲和田园的主题风格。（图 2-2-9）

图 2-2-9 从左到右，分别为棉桃、棉针织小样和棉针织衫

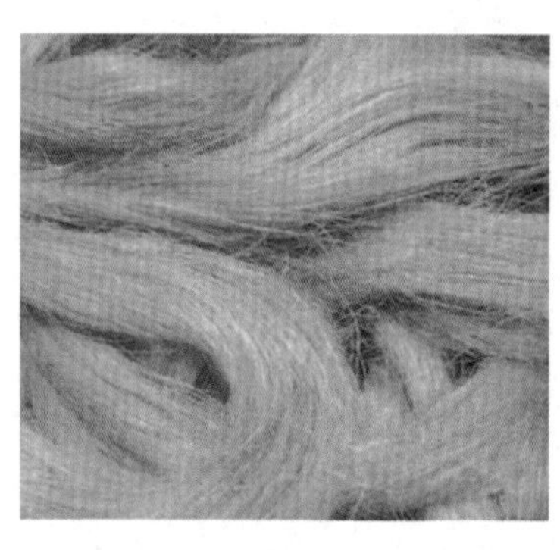

图 2-2-10 从左到右，分别为亚麻、亚麻针织小样和亚麻针织衫

3. 麻

麻纤维是从各种麻类植物中提取的纤维。麻纤维吸湿性、透气性好，具有出汗不贴身、凉爽挺括、质地轻和强度较高的特点，但弹性和抗皱性较差。麻的种类较多，在纺织上常用的有亚麻、苎麻、大麻等。麻手感较为粗糙硬朗，具有自然淳朴的特点，特别适合表现优雅自然、休闲随意的主题风格。（图 2-2-10）

四、都市时髦风格

都市时髦风格特指在大都市生活背景下，随流行趋势而不断变化的时髦服饰样式。流行趋势千变万化，总是以新奇取胜，例如新颖的造型、鲜亮的色彩或者是特殊的质感。作为针织服装的原材料，纱线的外观和质感在表现服装风格时扮演着重要的角色。各种纱线展会上展出的新型纱线层出不穷、不胜枚举，为流行趋势的发展变化推波助澜。而在传统纱线中，有一些纱线因其特殊的外观和质感而使其独具魅力，也为针织服装设计赋予了特别的时尚趣味和吸引力，增添时尚指数。

1. 马海毛

马海毛又称安哥拉山羊毛，原产于土耳其安哥拉省。马海毛的长度达 120 ~ 150 毫米，是富有光泽感的长山羊毛的典型，也是制造长毛绒织物的优良原料。与绵羊毛不同的是，马海毛鳞片少而平阔，紧贴于毛干，很少重叠，故纤维表面光滑，具有蚕丝般的天然闪亮的色泽。马海毛质感蓬松挺括，柔中带骨，弹性较好。由马海毛制成的针织物绒毛长而丰满，色泽饱满光亮，手感光滑挺拔，充分展现了其长毛绒的独特风格，适合表现时尚新潮的流行风貌。（图 2-2-11）

2. 兔毛

兔毛品种较多，其中以安哥拉兔毛最为著名。安哥拉兔毛颜色洁白，纤维细长柔软，纤维粗毛少，手感蓬松滑顺，比重较轻，保暖性好。兔毛由于纤维卷曲少，纤维之间抱合性能差，强度较低，因此纯纺难度较大，大多与其他纤维混纺。作为针织装的原材料主要用于针织女装的设计，适合表现甜美可爱、时尚浪漫等年轻化风格。（图 2-2-12）

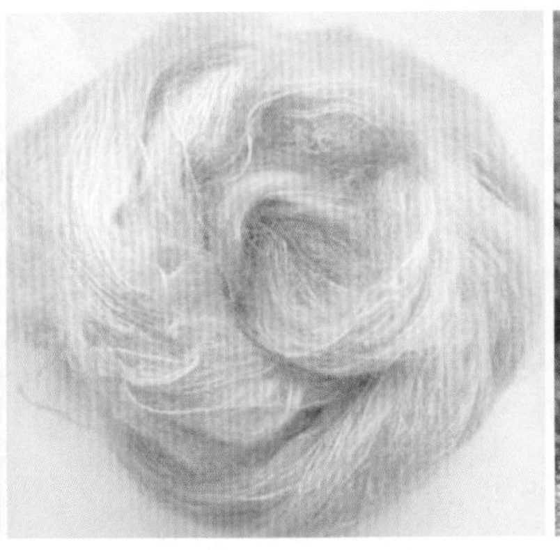

图 2-2-11 从左到右，分别为安哥拉山羊、马海毛纱线和马海毛针织衫

图 2-2-12 从左到右，分别为安哥拉兔、安哥拉兔毛纱线和安哥拉兔毛针织衫

图 2-2-13 日本服装设计师川久保玲在 1982 年巴黎时装发布会上推出的针织破烂装

五、另类前卫风格

另类前卫风格特指超越于当下流行的前瞻性设计理念和不为潮流所左右的个性化风格，具有实验性、引导性的特点。不论是传统的纱线还是各种时新的纱线，只要运用得当，都可以用来表现另类前卫的设计风格,关键在于如何在理念上和设计手法上进行创新。例如，日本服装设计师川久保玲在 1982 年巴黎时装发布会上推出的破烂装，在造型松垮的毛衣上故意做出大大小小的破洞且边缘处理粗糙，给巴黎时装之都以爆炸性冲击，令观众瞠目结舌，打破了当时以造型合体、强调身材曲线和注重优雅奢华为审美标准的设计规则。时至今日，破烂装早已被人们广为接受，成为了流行的一部分。这也正是前卫风格的魅力所在，以前瞻性理念和创新性实验引导流行的发展，不断丰富服饰审美的内涵和外在表现。（图 2-2-13）

第三节 纱线的选择与针织服装肌理风格

运用纱线的特性进行肌理设计是针织服装设计的要点。纱线的光泽、质感、粗细和成分变化等因素，将会直接影响到针织物的组织肌理和视觉效果，因此在针织服装设计时应该充分加以考虑。从纱线开始设计，有效运用纱线自身的特点和组合变化来达到理想的设计效果，可以通过如下设计手法进行实现。

一、采用同种纱线进行肌理设计

采用单一纱线进行编织，会使得因为这种纱线的特性所形成的针织物的肌理特点表现得更加极致。由于不同纱线的性能不同、外观效果各异，因此通过纱线的选择可以丰富设计的变化，增添设计的兴趣点。例如，采用条干匀净的纱线，其形成的针织物外观平整光洁，组织纹理清晰；采用条干不匀净的曲线形纱线，其形成的针织物线圈之间相互纠缠，会掩盖针织物的组织纹理而呈现出毛毡般的蓬松粗糙效果；采用条干有粗细变化的纱线，其形成的针织物表面会产生颗粒状的凹凸不平效果；采用长绒毛的纱线，其形成的针织物则会表面毛绒质感强烈，手感柔软丰满，给人以温暖的感觉。

通常情况下，因为花式纱线自身已经具有丰富的肌理效果，因此，如果采用花式纱线进行设计，针织服装的组织选择多采用简单的纬平针组织及罗纹组织，以凸显纱线本质特色。（图 2-3-1）

二、运用相同材质纱线的规格变化进行肌理设计

采用相同材质不同粗细规格的纱线进行组合，可以产生别致的肌理对比效果。在设计中，可运用纱线合股的方法使纱线呈现出明显的粗细变化，可形成细腻轻薄与粗实厚重的虚实对比效果。在组织结构相同情况下，因为纱线的粗细不同，也会产生风格上的对比。较粗的纱线纹理更加清晰、质感更加挺括，给人以粗犷休闲的印象；而较细的纱线纹理则细腻、质感柔软，给人以优雅精致的感觉。两种纱线的交替运用所形成的凹凸变化，还会在设计上产生节奏的变化。（图 2-3-2）

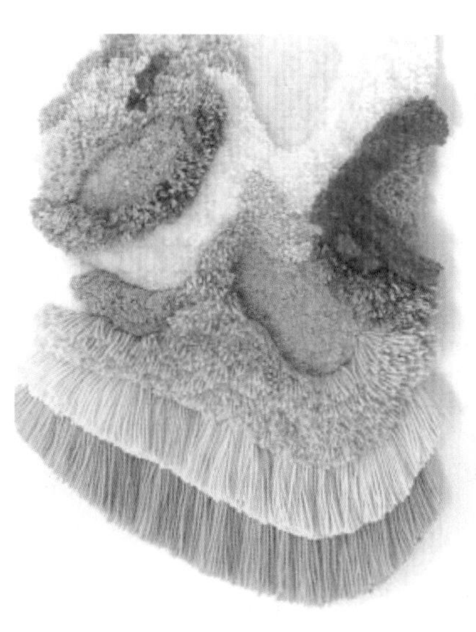

图 2-3-1 采用同种纱线也可以创造出丰富的肌理效果

图 2-3-2 采用相同材质纱线的粗细变化产生厚实与轻薄、粗犷与细腻的肌理对比效果

三、采用不同材质纱线的组合变化进行肌理设计

采用不同材质的纱线进行组合，可以使肌理变化效果更加丰富，对比也更加强烈。在设计中，既可以选择同种色调不同质感的纱线进行组合（如白色精纺羊毛纱线与白色兔毛纱线的搭配），以产生细密平整与绒感丰满的对比效果，也可以选择不同色调、不同质感的纱线进行组合（如白色精纺羊毛纱线与银色金属质感纱线的搭配），以进一步凸显视觉上和触觉上的强烈对比效果，不仅可以产生精致柔和与粗犷硬朗的对比效果，而且还具有强烈的视觉冲击力，特别适合未来主义风格的塑造。（图 2-3-3、图 2-3-4）

图 2-3-3 采用同种色调不同质感的纱线进行组合变化产生的肌理对比效果

图 2-3-4 采用不同色调不同质感的纱线进行组合产生的肌理对比效果

Chapter 3

第三章 针织服装肌理组织设计

学习重点

※ 纬编针织物组织结构表示方法

※ 针织服装组织结构分类、外观和性能特点

※ 针织服装肌理组织设计方法

第一节 针织服装组织分类及特点

提起成形针织服装，或者说人们习惯称之为的针织毛衫，通常会首先联想到其温暖的手感，而这温暖的特性一方面与纱线有关，另一方面也离不开针织毛衫特有的组织结构。针织服装从纱线开始设计，不仅包含了前一章节所提到的纱线的选择和组合变化所产生的不同的肌理设计，而且还包括运用纱线进行的组织结构设计，可以使针织毛衫具有丰富变化的肌理效果而成为针织服装设计的一大特色。

一、纬编针织物组织结构及表示方法

在成形针织服装中，为了简明清楚地显示纬编针织物的组织结构，需要采用一些图形、符号来表示针织物的组织形态。常用的有线圈结构图、意匠图等。

线圈结构图简称为线圈图，是用图形来表示纬编针织物的组织形态。线圈图的优点是比较直观，可以清楚地看出线圈在针织物内的连接和分布，适用于小型、简单的组织花纹；缺点是大型、复杂的组织花纹绘制起来较为困难，且不易表示清楚。（图 3-1-1）

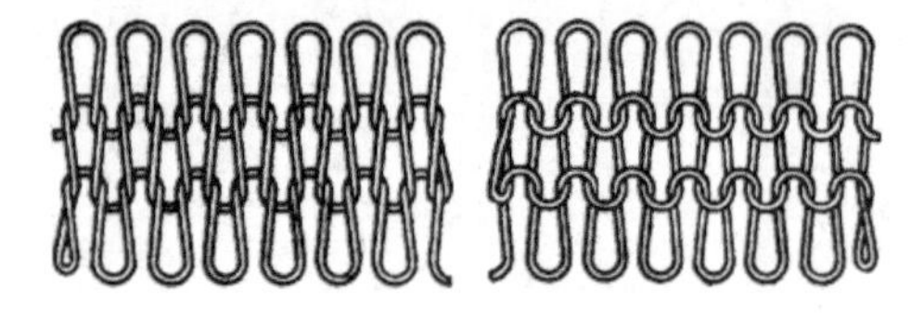

图 3-1-1 纬平针组织正反面及线圈图

意匠图是把针织物结构单元组合的规律，用规定的符号在小方格上表示的一种图形方法。每一方格行和列分别代表织物的一个横列和一个纵行的线圈状态。根据表示对象的不同，常用的有结构意匠图和花型意匠图。

结构意匠图将针织物的三种基本结构单元，即成圈、集圈、浮线（不编织），用规定符号在小方格上表示。常用符号竖线“|”表示正面线圈、横线“—”表示反面线圈、“\ ”表示向左移动线圈、“/ ”表示向右移动线圈、“×”表示集圈、“O”表示浮线不编织。意匠图中的符号不是固定不变的，可根据实际情况自行设计说明，标明其所表示的含意即可。（图 3-1-2）

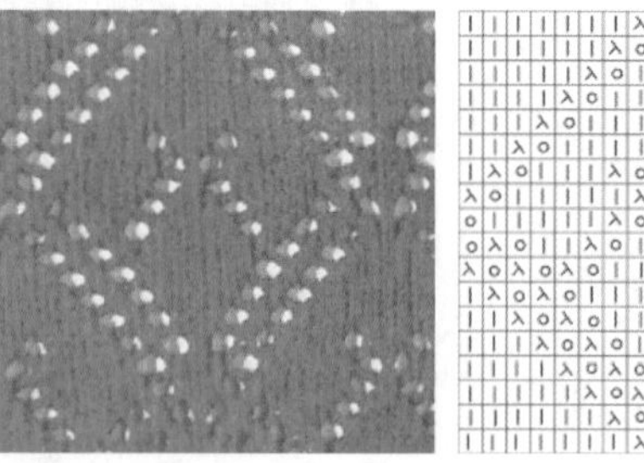

图 3-1-2 挑花组织小样及结构意匠图

花型意匠图主要用来表示提花织物正面的花纹图案。每一方格均代表一个线圈，方格内既可用不同的符号表示不同颜色的线圈，也可用不同颜色的方格代表不同颜色的线圈。（图 3-1-3）

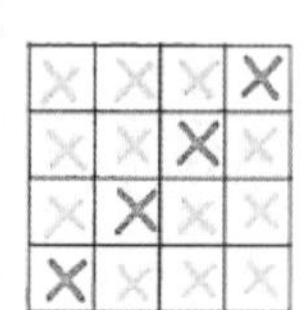

图 3-1-3 针织提花组织小样及花型意匠图

二、针织服装肌理组织分类及特点

成形针织物的组织结构主要可以分为基本组织、变化组织和花色组织。

（一）基本组织

基本组织，又称原组织，是针织物其他组织的基础，线圈以最简单的方式构成，包括纬平针组织、罗纹组织和双反面组织。

1. 纬平针组织

纬平针组织，又称平针组织，是单面纬编针织物的基本组织，由单元线圈向一个方向串套而成，正面呈现麦穗状纹理，反面呈现波浪形效果。

在相同条件下纬平针组织与其他组织相比，具有轻薄、柔软、平整的特点。纬平针织物的边缘具有明显的卷边现象，卷边性虽然为衣片的缝合带来一定的难度，但是在设计中也可以巧妙地将这个缺点转化为优点加以利用，以达到特别的肌理效果。在针织物破损时，纬平针织物由于线圈构成简单具有较大的脱散性。

由于纬平针组织结构简单，易于加工，纱线用量少，因此是成形针织服装中使用最广泛的一种组织，例如，普遍用于前后衣片和袖片的编织，同时也可作为一些变化组织或花色组织的地组织。（图 3-1-4）

图 3-1-4 纬平针组织

2. 罗纹组织

罗纹组织是双面纬编针织物的基本组织，它是由正面线圈纵行和反面线圈纵行以一定的组合交替配置而成。由于罗纹组织正反线圈不在同一平面内，因而形成一列列凹凸交替变化的肌理效果。

罗纹组织厚实、柔软、保暖性好，尤其是在横向拉伸时具有较大的弹性，因此不仅可以用于整件服装的编织，还大量用于衣片的领口、袖口、衣身下摆和门襟等部位。

罗纹组织的线圈配置根据设计的需要可以有多种组合，通常以正面线圈纵行数 + 反面线圈纵行数的组合来表示，例如，1+1 罗纹、2+2 罗纹、3+3 罗纹、5+3 罗纹等。（图 3-1-5）

图 3-1-5 从左至右分别为 1+1 罗纹组织和 2+2 罗纹组织

3. 双反面组织

双反面组织是由正面线圈横列和反面线圈横列交替配置而成，针织物正反两面形态都呈现出纬平针的反面效果，故称之为双反面组织。

双反面组织比较厚实，纵向弹性和延伸性较大，其肌理效果为正面线圈凹陷、反面线圈凸起，呈现出一排排凹凸交替变化的立体效果。双反面组织的线圈配置根据设计的需要可以有很多种组合，通常以正面线圈横列数 + 反面线圈横列数的组合来表示，例如，1+1、1+2、2+3 等。（图 3-1-6）

图 3-1-6 从左至右分别为 4+2 双反面组织和 5+2 双反面组织

（二）变化组织

变化组织是由两个或两个以上基本组织复合而成，即在一个基本组织的相邻线圈纵行间，配置着另一个或者几个基本组织，以改变原有组织的结构和性能。例如，变化平针组织、变化罗纹组织。

变化平针组织是由两个平针组织纵行相间配置而成。使用两种色纱可形成两色纵条纹织物，色条纹的宽度可通过两平针线圈纵行相间数的多少来设计。（图 3-1-7）

双罗纹作为变化罗纹组织，又称双罗纹空气层组织、棉毛组织或棉毛布，由两个罗纹组织彼此复合，即在一个罗纹组织纵行间，配置着一个相对互补的罗纹组织，外观上织物两面均为正面线圈，即使在拉伸时也不会显现反面线圈的纵行。双罗纹组织比较厚实，同时具有较好的弹性，尺寸稳定性好，特别适合制作棉毛衫裤，通常采用专门的双罗纹机进行编织。（图 3-1-8）

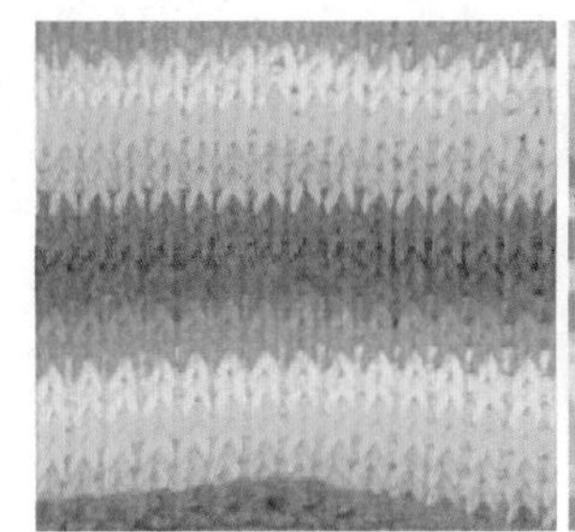
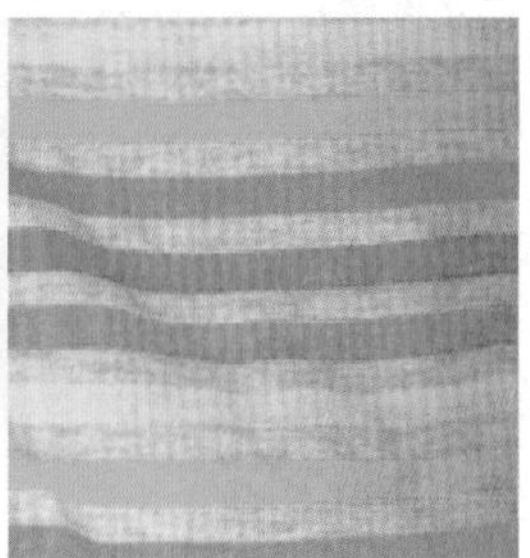

图 3-1-7 变化平针组织

图 3-1-8 双罗纹组织

（三）花色组织

花色组织是在基本组织或变化组织基础上，利用线圈结构变化或编入辅助纱线及其他原料，形成具有显著花色效果和不同性能的织物组织。常见的纬编花色组织有移圈组织、提花组织、波纹组织、集圈组织等。

1. 移圈组织

移圈组织又称纱罗组织，是按照花纹设计要求，将某些针上的线圈移动到与其相邻的机针上，从而形成相应的花样变化效果，如挑花组织、绞花组织。

挑花组织，又称空花组织，根据花纹要求，将某些针上的线圈移到相邻机针上，使被移处形成镂空的孔眼效果。（图 3-1-9）

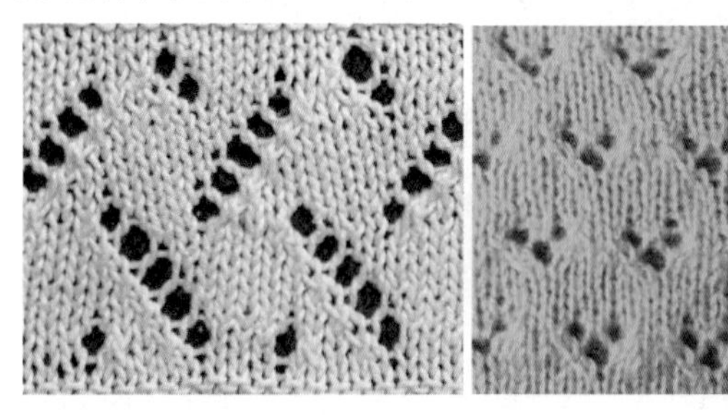

图 3-1-9 挑花组织

绞花组织俗称拧麻花，是将两组相邻的纵行线圈相互交换位置，使被移处形成交叉扭曲的编织效果。根据设计的需要，可编织出多种宽窄、长短不同的绞花图案。（图 3-1-10）

图 3-1-10 绞花组织

2. 提花组织

提花组织是将不同颜色的纱线垫放在按花纹要求所选择的某些机针上进行编织成圈而形成的一种组织。提花组织可分为单面提花组织和双面提花组织两类。按纱线的颜色数又可分为两色提花、三色提花、多色提花等。

单面提花组织是由两根或两根以上不同颜色的纱线相间排列形成一个横列的组织。单面提花组织又分为单面虚线提花组织和无虚线提花组织（又称为嵌花组织）。单面虚线提花组织每个线圈后面有不同颜色纱线形成的浮线，采用这种组织设计花形时应注意浮线不宜过长，否则容易抽丝。单面虚线提花组织与纬平针组织相比，织物较厚，横向延伸性小，易抽丝，但具有花色变化的优点。单面无虚线提花组织的反面没有浮线，织物平整，无重叠线圈，延伸性好且具有花色变化效果。（图 3-1-11）

双面提花组织，其花纹可在织物的一面形成也可同时在织物的两面形成。通常采用织物的正面提花，不提花的一面作为织物的反面。（图 3-1-12）

图 3-1-11 单面提花组织

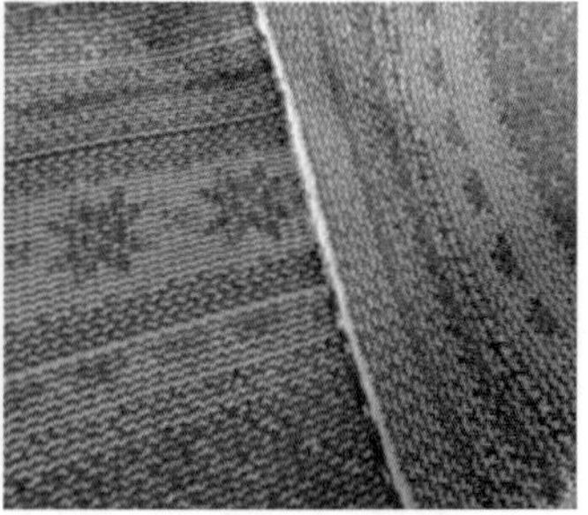

图 3-1-12 双面提花组织

3. 波纹组织

波纹组织又称扳花组织，是在横机上通过前、后针床之间位置的相对移动，使线圈发生倾斜，在双面的组织上形成波纹状的外观效果。（图 3-1-13）

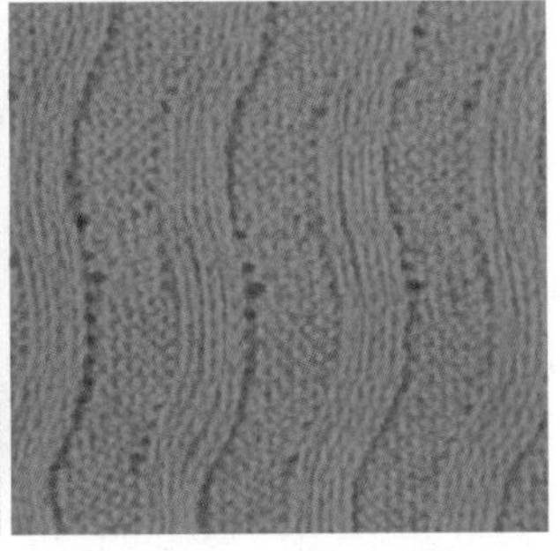

图 3-1-13 波纹组织

4. 集圈组织

在针织物的某些线圈上除套有一个封闭的旧线圈外，还有一个或几个未封闭的悬弧，这种组织称为集圈组织。集圈组织的结构单元是线圈和悬弧。集圈组织可以在织物表面上形成孔眼、凹凸不平的肌理效果，根据设计的需要可以呈现出丰富的花型变化。(图 3-1-14)

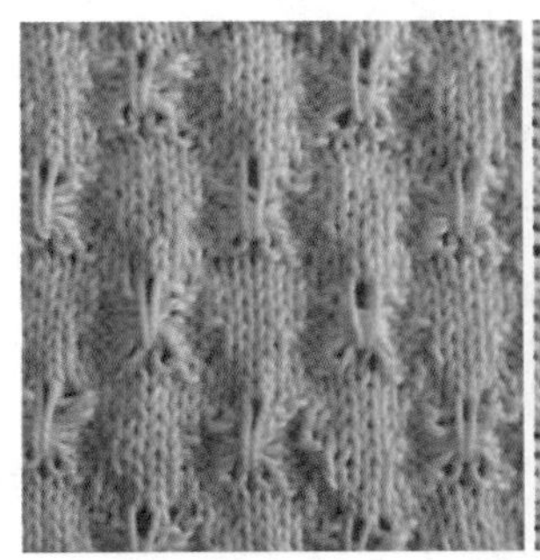
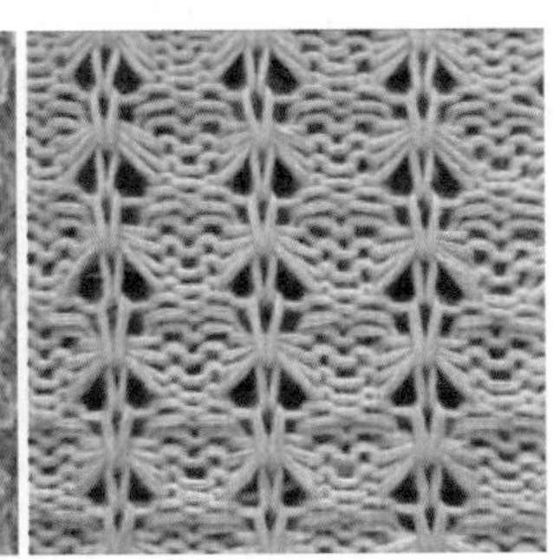

图 3-1-14 集圈组织

5. 毛圈组织

毛圈组织是由平针线圈和带有拉长沉降弧的毛圈线圈组合而成，其特点是用一种纱线编织地组织线圈，另一种纱线编织毛圈线圈。纬编毛圈组织有单面毛圈和双面毛圈之分，单面毛圈组织一般用平针组织作地组织，毛圈由拉长的沉降弧线段组成。

影响毛圈组织外观的重要因素是沉降弧的拉长长度，沉降弧越长，其毛圈越大。毛圈在针织物表面根据设计的图形进行分布还可形成花纹装饰。毛圈组织具有立体感强和夸张的视觉肌理效果，其针织物蓬松、厚实、保暖性好，特别适合作为外穿的秋冬季针织服装。(图 3-1-15)

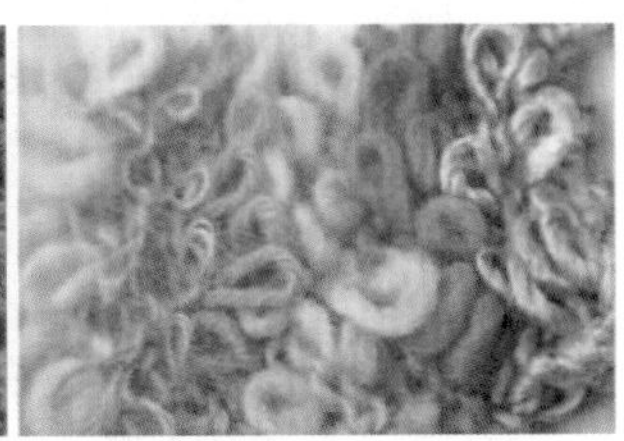

图 3-1-15 毛圈组织

6. 长毛绒组织

长毛绒组织是把纤维或纱线直接编织在针织物的地组织中，使织物表面形成绒毛质感。在编织过程中毛纱或散纤维与地纱一起成圈，经整理工序使毛纱或散纤维的头端突出于针织物表面形成长绒毛状，模仿天然皮革的外观效果。长毛绒组织针织物柔软、蓬松、保暖性好，适合作为外穿的秋冬季针织服装。(图 3-1-16)

图 3-1-16 纬编长毛绒组织

第二节 针织服装肌理组织设计原则和方法

针织服装的组织结构是影响其表面肌理效果和服用性能的重要因素。不同的组织结构各有特色，在设计中都可成为灵感的创意来源并提供丰富的质感变化。需要注意的是，在设计和生产中还需考虑到组织设计以及对不同组织的合理运用，这也将决定着产品设计的成功和失败。

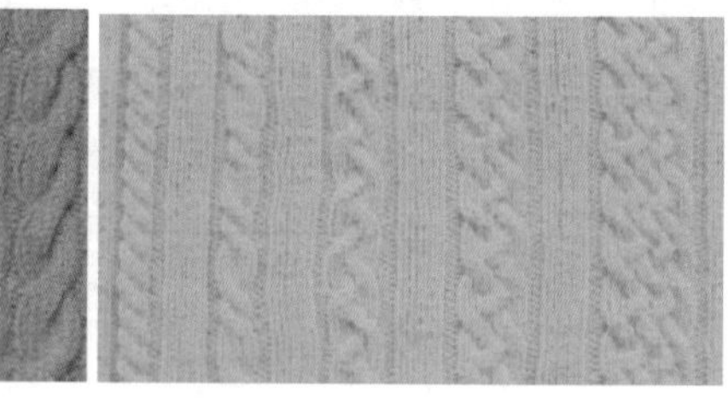

图 3-2-1 绞花组织的不同变化效果

一、针织服装肌理组织设计原则

肌理组织设计是针织服装设计的一大特色。了解肌理组织设计原则，不仅有助于使设计更具有可行性，而且可以充分发挥针织设计的优势。

1. 掌握针织服装组织结构编织原理和特性，以此为基础进行设计和变化

成形针织服装设计与梭织服装设计的一个重要区别是，成形针织服装是从纱线和组织开始设计。因此，掌握组织的编织原理和特性，并在此基础上举一反三，可拓展出无穷无尽的质感和花型变化，丰富针织服装设计的视触觉肌理效果，从而提升设计含量。（图 3-2-1）

2. 针织服装肌理组织设计要与纱线相结合

由于成形针织服装的肌理效果主要决定于所选用的纱线原料和组织结构，因此，二者会发生相互作用，若合理加以运用则会相得益彰，若运用不当则会事倍功半甚至功亏一篑。例如，装饰性很强的花式纱线多搭配平针组织进行编织，而不是考虑搭配复杂的组织变化，这样既可凸显纱线本身的装饰效果，同时也可节省编织时间，提高生产效率。（图 3-2-2）

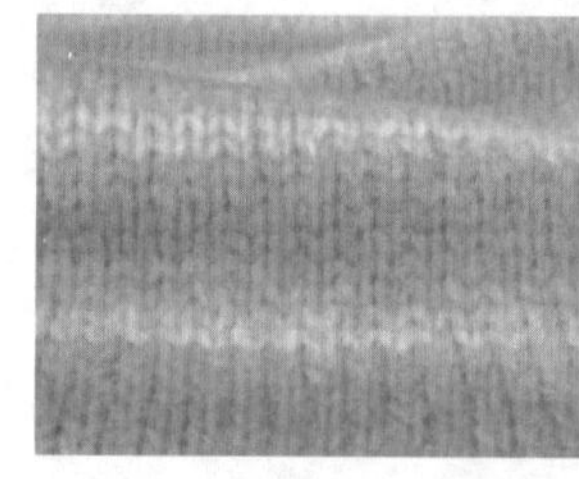
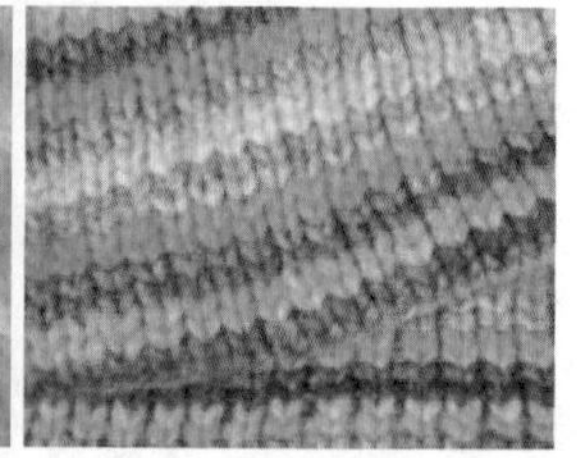

图 3-2-2 花式纱线常常具有缤纷的色彩或特别的肌理效果，多搭配平针组织进行编织，以突出纱线的特色

图 3-2-3 春夏季针织衫多采用轻盈透气的组织结构，而秋冬季针织衫则可采用厚实、凸显肌理感的组织结构进行编织

图 3-2-4 组织的变化与统一以及相互之间的呼应，不仅可以表现丰富的肌理效果，还会产生和谐的视觉美感

3. 针织服装肌理组织设计要与款式、服用性能相结合

不同的服装款式对肌理质感的要求也会千差万别。对质感的柔软、轻薄、硬挺、厚实以及花型和纹理的变化要求都可通过组织的选择和组合来达到设计效果。例如，作为内穿的针织打底衫通常采用简单的平针组织，既可保证外观效果平整又贴身舒适；夏季的针织外搭衣，可考虑选用平针组织辅以镂空的挑花组织进行花型变化来装饰，不仅凉爽透气也可以增加设计感；而秋冬季的针织套衫则可采用绞花和罗纹组织相结合，既有浮雕般的装饰效果，同时也更加厚实温暖。（图 3-2-3）

4. 针织服装肌理组织设计要遵循美学法则

在进行针织服装肌理组织设计时，需要考虑到美学法则的应用。符合美学法则会增加设计的美感，甚至成为设计的亮点；而如果违背美学法则很可能会破坏设计，甚至画蛇添足，不能达到理想的效果。因此，在针织服装肌理组织设计时，要有全局的意识，需要兼顾局部细节和整体效果的关系。例如，组织在循环上是否具有节奏韵律感，组织的变化与整体的统一是否能够产生和谐的效果，不同组织之间的比例是否搭配合适，不同组织的位置安排能否平衡等。（图 3-2-4）

二、针织服装肌理组织设计方法

针织服装组织结构主要分为基本组织、变化组织和花色组织三类。了解和掌握每类组织的特性并结合合理的设计方法，便可将其充分发挥，延伸出无穷无尽的变化组织，使针织服装肌理组织设计更富有新意。

电脑横机技术的发展，不仅极大地提高了生产效率，而且拓展了针织服装的肌理组织变化效果，使得从前手工编织或手动针织横机不可能出现的花样都可以成为现实，为设计师的想象力和创造力提供了更高的平台和更广阔的发展空间。（图 3-2-5）

1. 基于编织原理进行组织结构的延伸变化

在实际设计中，设计者可以从简单的纬平针、罗纹组织开始着手，进行针织服装肌理组织变化。通过选针、成圈、移圈、集圈、浮线、调节密度、移动针

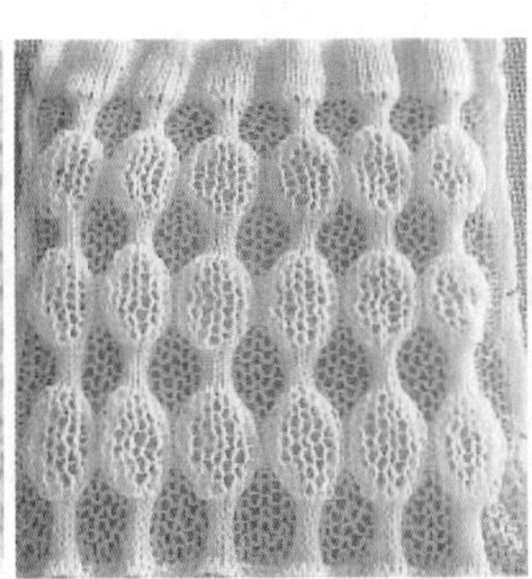

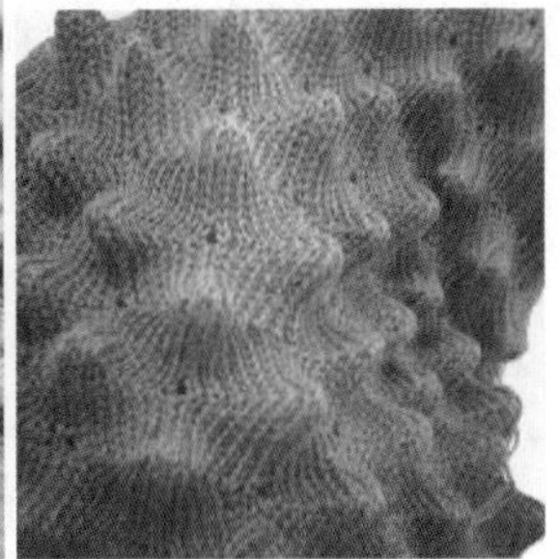

图 3-2-5 借助于现代科技，针织组织结构变化可以被不断创新，层出不穷

床等设置各个因素的变化，来观察不同条件下针织物的不同肌理效果，在此基础上尝试和探索新的肌理组织变化。

2. 不同组织结构的组合变化

在有限的纱线条件下，单一的组织常常会让人觉得平淡乏味，而通过组织的变化组合，可以丰富针织物的手感，提升视觉的兴趣点，从而打破沉闷的局面。例如，采用手感和视觉风格差异大的组织进行组合，可以达到突出组织变化和强调设计的效果。两种或两种以上的组织相搭配会形成凹凸不平、厚实与轻薄、疏松与紧密等对比效果。需要注意的是，在追求肌理组织对比效果的同时，也要考虑到不同组织之间的应用比例和视觉平衡因素以及服装的性能要求，从而达到满意的设计效果。（图 3-2-6）

3. 不同组织结构的复合变化

组织结构的复合是通过工艺技术把两种或两种以上的组织结构复合到一起，从而获得新的肌理效果。组织结构的复合同时兼具几种组织的肌理特征。例如，在纬平针组织基础上进行绞花组织与挑花组织的复合就可同时产生多种复杂的肌理效果。需要注意的是，组织结构的复合受制于工艺条件的影响，有些组织的复合难以实现，有些组织复合到一起未必美观，所以组织的复合需要在设计和工艺实践中去探索和创新。（图 3-2-7）

图 3-2-6 不同组织的搭配组合可以产生丰富的肌理对比效果

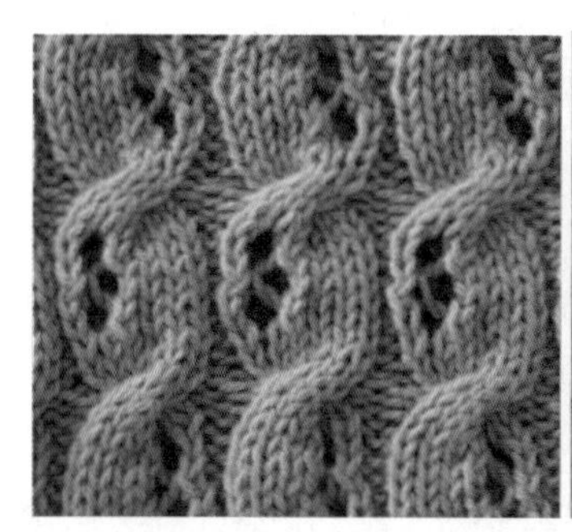
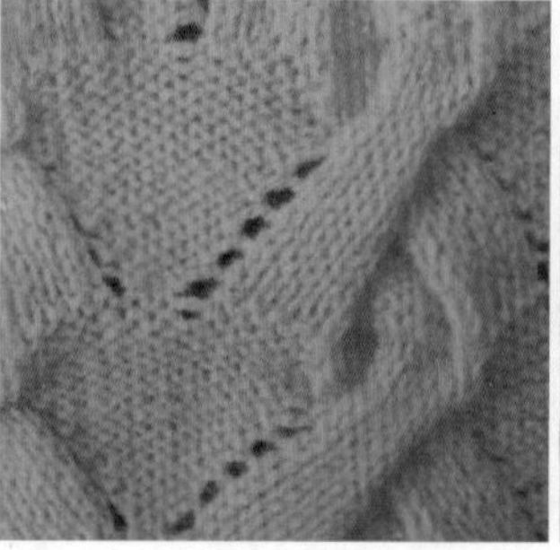
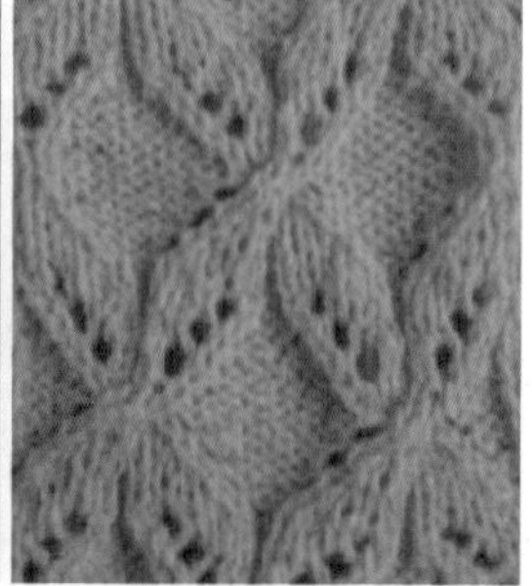

图 3-2-7 多种组织的复合会产生更丰富和更有层次感的肌理效果

4. 不同纱线、组织结构的组合变化

在本书第二章第二节中已经阐述了如何充分运用纱线的组合变化来丰富肌理效果；而如果将不同纱线、组织结构进行组合变化，可以想象针织服装的肌理变化可以呈现出几何级倍数的增长，为针织服装设计的推陈出新提供了无限的可能性。（图 3-2-8）

图 3-2-8 将创意与纱线和组织结构的变化相结合，可以使得针织服装的款式变化不断翻新

Chapter 4

第四章 针织服装款式设计

学习重点

※ 针织服装廓形分类和特点

※ 针织服装廓形设计要点

※ 针织服装点、线、面的运用

※ 针织服装部件设计

第一节 针织服装廓形设计

廓形在服装设计中指的是服装造型的外部轮廓形状。在服装款式构成要素中，廓形进入人们视觉的速度和强度要远远高于服装的局部细节，其视觉冲击力仅次于色彩，由此可见廓形对于服装设计的重要性。

一、针织服装廓形分类

服装廓形是高度概括化的服装外形，服装廓形既可以抽象为几何形来进行分类，例如箱形、三角形、梯形、椭圆形、沙漏形等，也可以用大写的英文字母来区别。用字母形来表述源自法国著名时装设计师迪奥的发明。迪奥在 20 世纪中期推出了很多以字母形命名的服装新造型而引发了人们对廓形的更多关注。如果用字母形来进行表示，针织服装基本廓形则可以概括为 O 形、H 形、A 形、T 形、X 形、S 形等。

1. O形

O 形，也被称为茧形，其特点是服装肩部线条自然圆顺，腰部线条宽松肥大，而底摆部位相对收紧，形成椭圆的廓形。O 形服装给人以低调沉稳、优雅含蓄的气质。O 形是传统针织套头衫中极具代表性的造型。（图 4-1-1、图 4-1-2）

图 4-1-1 O形针织套头衫

2. H 形

H 形，也称为矩形、箱形，其特点是肩部线条平顺，服装线条在肩部、胸部、腰部、底摆宽窄基本一致，不强调胸腰臀的曲线，呈现出直筒般的廓形特点。H 形给人以自由、休闲、随意的感觉，是倾向于中性化的造型，适应人群比较广，也是针织衫的经典造型。（图 4-1-3）

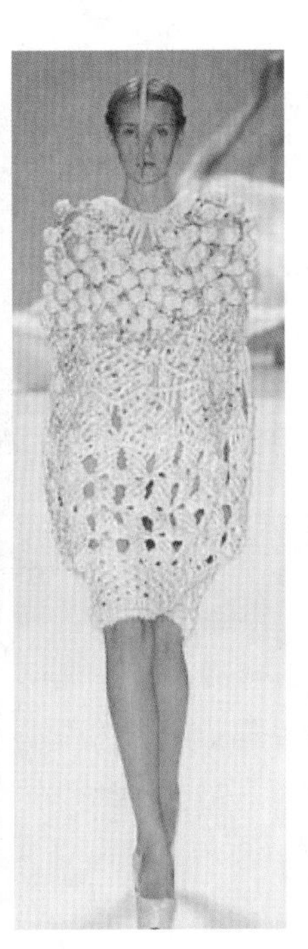

图 4-1-2 从左至右，分别为伊夫·圣罗兰于 1965 年设计的白色茧形针织婚礼服、皮卡德品牌的茧形针织设计、戴维·托马谢夫斯基的 2013 年春夏茧形针织设计、姬龙雪品牌的 2007 年秋冬茧形针织外套

图 4-1-3 从左至右，分别为海尔姆特·朗品牌的箱形底摆不对称针织套头衫、披肩式针织开衫，卡纷品牌的凸显底摆外形的针织套头衫以及前胸有麻花扭结的针织套头衫

图 4-1-4 从左至右，分别为 A 形且强调底摆宽大效果的针织大外套、插肩结构且凸显绞花组织图案的针织套头斗篷、亚历山大·刘易斯的“2013 度假系列”针织衫、朱莉娅·拉姆齐的棒针编织小披肩

3. A 形

A 形，也称为正三角形，其特点是服装肩部线条窄瘦，放松量从肩部向下逐渐加宽，呈现出上窄下宽的廓形。A 形不显腰身，几乎可以包容任何体型，给人以自由、宽松、随意的感觉，常见于针织披肩和斗篷的设计。（图 4-1-4）

4. T 形

T 形的特点是强调肩部造型，服装肩部线条平阔，放松量从腋下逐渐减少，呈现出上宽下窄的廓形。T 形给人以刚强硬朗的感觉，具有男性化的风格特点。（图 4-1-5）

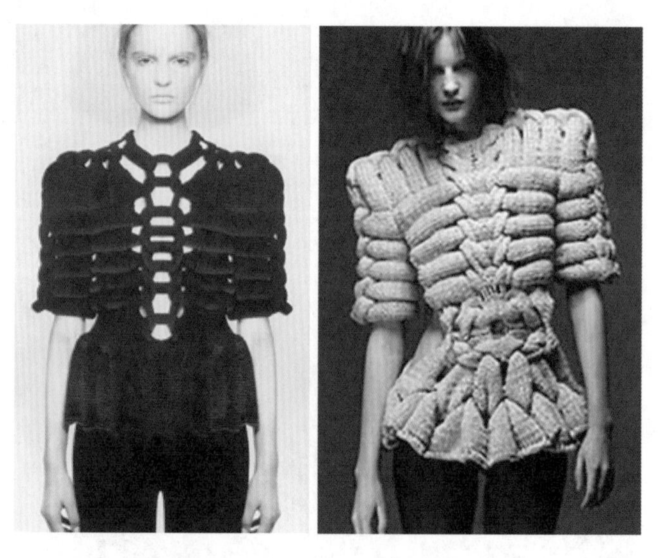

图 4-1-5 肩部平直，强调几何化的硬朗线条（桑德拉·巴克伦德设计）

5. X 形

X 形，也称为沙漏形，特点是注重收紧腰部以凸显胸部和展开的底摆，强调胸腰臀的人体曲线美。X 形是典型的女性化造型。（图 4-1-6）

6. S 形

S 形的特点是通过收紧腰部以凸显胸部，特别是强调臀部翘起的曲线造型。历史上，S 形主要通过紧身衣和臀垫等填充物来进行人为地塑造。S 形具有优美的形式感和强烈的女性化风格，虽然在针织服装上并不常见，但不失为一种可探索的造型来拓展针织服装的形式化美感。（图 4-1-7）

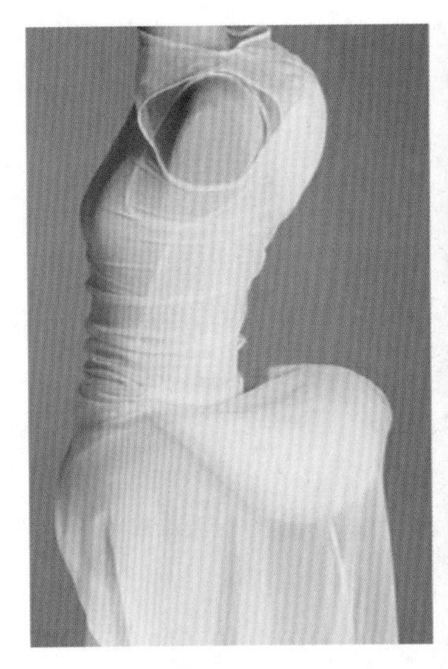

图 4-1-7 左图，后背和臀部加以填充物呈现出 S 形轮廓特点，既前卫又不失端庄俏丽（川久保玲品牌“1997 春夏”设计）；右图，低腰打褶膨起的针织外套，其褶皱处理手法对于成衣设计的 S 形具有很好的效果（巴宝莉品牌设计）

图 4-1-6 从左至右，分别为 X 形且强调正反针变化的棒针外套、充满雕塑感的针织连衣裙、巴伦世家品牌的礼服风格的针织长外套

二、针织服装廓形设计

服装的廓形既是表现服装风格和外观特征的重要方式，也是引发服装流行趋势变化的重要风向标。对于针织服装廓形设计而言，廓形设计既要考虑针织本身的性能特点，也要考虑人体体形的制约因素，以此为基础进行针织服装廓形的设计和创新。

1. 针织服装廓形与设计理念及风格

针织服装廓形设计应与服装设计理念相一致，针织服装廓形是服装设计理念和服装风格的支撑结构。在针织服装廓形设计之初，应首先明确要表达的主题和总体的风格意向，以避免一味为追求奇形怪状、为创新而创新而迷失了设计的初衷。

针织服装的风格主要有前卫风格、都市时尚风格、休闲风格和运动风格等几大类。其中前卫风格具有较强的前瞻性、创意性、实验性和引领性的特点，在廓形设计上有较大地发挥空间去探索和实践，需要注意

图 4-1-8 “将经典趣味化”是英国“兄弟”针织品牌的设计理念，设计定位面向于年轻人，作品常常充满搞怪趣味性的大胆设计，该系列作品灵感来源于年轻人像狮子一般的蓬乱发型，运用夸张的设计手法来凸显服装的廓形感和视觉效果

的是，其最终目的应考虑如何将创新设计可以付诸于实际应用；其他几种风格则着眼于成衣化设计，在廓形设计上更注重考虑实穿性和时尚性。（图 4-1-8）

2. 针织服装廓形与结构设计

针织服装廓形设计需要兼顾考虑人体的结构和服装的结构。人体的结构主要体现在肩部和腰胯部是服装廓形变化设计的重要支撑点，在设计时可以在这些部位大做文章。服装的结构有传统结构方法，例如通过对衣领、衣袖、衣身等部位的常规制板和缝合方法来完成一件上衣的结构，在此基础上，运用夸张、对比等设计手法对服装廓形进行设计变化和创新。此外，服装廓形的塑造还有解构方法，即将传统结构进行分解以建立新的结构。

解构打破了常规服装结构方法，颠覆了那些曾经被认为是天经地义的传统服装结构和传统审美，更重要的是，解构意味着破坏重组，以新的视角为人们带来多元化的审美观念。常用解构设计手法有将服装零部件进行分离使其颠倒错位而重新拼接，以及将服装相关元素进行堆积、叠加、翻转后再重新缝合等。解构手法的运用常常使服装具有不对称、无规则的外观特点。将解构方法运用到服装设计中，带动了服装廓形和穿着方式等多方面的创新和变革。（图 4-1-9）

图 4-1-9 灵感来源于历史盔甲服装的结构，将其与现代针织相结合，通过叠加、拼接、系带等手法塑造特别的廓形，针织的柔软质感与局部细节的硬朗造型形成鲜明对比，具有戏剧化效果（朱莉安娜·西森斯设计）

3. 针织服装廓形与其他影响因素

此外，由于常规针织纱线和针织组织具有柔软的特性，不易塑形，因此想要达到特别的针织服装廓形，还需要考虑采用合适的纱线材料、编织方法相配合以及是否需要其他辅助材料相支撑以达到理想的廓形效果。

针织服装廓形设计除了常见的经典廓形O形、H形、A形、T形、X形以外，设计师们也在不断尝试对已有的针织服装廓形进行大胆突破，使得针织服装的廓形设计不断推陈出新，为人们带来新的感官体验和审美享受。

第二节 针织服装内结构设计

针织服装由于组织结构的特殊性而区别于梭织服装等其他服装类别。针织服装既具有服装造型设计的一般共性，又表现出其结构设计的独特性。点、线、面作为造型设计的三个基本要素与针织服装的特点相结合，可以构成千变万化的针织服装样式。

一、点在针织服装设计中的运用

抽象派创始人瓦西里·康定斯基在《点·线·面》一书中，将艺术的形式归结为点、线、面三种元素之间的构成关系，即无论是平面还是立体，都源自点、线、面的构成，从而演绎出不同的表现形式。

点是一切形态的基础。点在造型设计中是以视觉对其大小、面积的感受来界定的。面积越小，点的感觉越强。点在服装造型中起到突出强调的作用，是视线的焦点，如同画龙点睛一样。因此一套服装应该设计重点突出、明确，如果设计点太多，彼此争抢，容易分散注意力，反倒起到画蛇添足的反效果。

点在针织服装造型设计中的应用有大小、形状、色彩和质感的不同变化。其表现形式主要有如下几种:

1. 组织肌理变化形成的点

运用针织物特有的组织结构，形成点状的平面组织图案。例如，运用挑花组织的镂空孔眼效果或提花组织的色彩图案来突出设计要点；或者形成点状凸起的立体质感，如运用集圈组织或毛绒线球进行点缀。（图 4-2-1）

图 4-2-1 左图，提花组织形成的不同形式的点状图案，起到吸引眼球、活跃气氛的作用（芬迪品牌设计）；中图和右图，气泡般的点状凸起是设计点，丰富了质感的变化，成为视线的焦点

2. 后处理装饰形成的点

运用刺绣、印染图案，水晶、亮片等各种烫片，以及缝缀、贴补等各种后处理工艺，形成设计点，起到凸显设计、装饰美化的效果。（图 4-2-2、图 4-2-3）

图 4-2-2 设计点通过盘绕而成的立体花形和蝴蝶结的平面图案进行装饰点缀，形成视线的焦点（索尼娅・瑞吉尔为海恩斯・莫里斯品牌设计的“2010 春夏系列”）

图 4-2-3 左图，个性化的印花图案作为点的要素进行装饰，使普通的 T 恤衫样式更富有设计感（莉迪亚・德尔加多品牌设计）；中图，贝壳光感的圆形闪片不仅具有强烈的装饰效果而且与针织服装形成质感对比（埃斯特维・茜达・默特品牌设计）；右图，前胸的花朵装饰起到引领视线聚焦的作用

二、线在针织服装设计中的运用

线是一个点不断地移动时留下的轨迹，也是面与面的交界。在造型设计中，线不仅有长度，还可以有宽度、面积和体积。因此，针织服装造型设计中的线有形状、色彩和质感的变化，可以是具有立体感的线。针织服装设计中，线的形成既可以像梭织服装那样通过拼接缝合产生，但更多的是通过组织变化而自然形成分界线的感觉。线不仅具有装饰性，而且还可以引导视线移动的方向，形成美感的视错觉。线的种类主要分为直线、曲线、折线、虚线四种。

1. 直线

直线是两点之间的最短距离，具有单纯、率直、硬朗的性格。在针织服装设计中，直线不仅有垂直线、水平线和斜线之分，还有粗细之分。垂直线引导视线上下移动，有助于产生修长的视错觉；水平线引导视线向两侧移动，有加宽作用，但可以通过水平线上下位置关系的安排，改变服装和人体的上下比例关系，同样可以产生美的效果；斜线给人以打破常规以及活泼、不安定的动感。运用粗线条可以进一步突出强化线的感觉，用来增强视觉冲击力；细线条则显得精致优雅，可以柔化设计效果。（图 4-2-4、图 4-2-5）

图 4-2-4 彩色横条纹具有强烈的节奏感，引导视线上下跳跃移动，缓和了线条横向延伸加宽的感觉（索尼娅·瑞吉尔品牌设计）

图 4-2-5 左图，衣身通过色彩图案和组织变化及拼接形成斜线分割（卡纷品牌设计）；右图，衣身通过不同配置的绞花组织及罗纹组织形成斜线的方向感，充满动感的节奏变化和丰富的质感

2. 曲线

一个点在弯曲移动时形成的轨迹就是曲线。与直线条的设计相比，曲线的设计呈现出圆滑有弹性、微妙而持续运动的视觉效果。曲线有几何曲线和自由曲线之分。几何曲线有圆形、椭圆形、抛物线、漩涡线等，给人以规律性、理性的动感和圆润效果；自由曲线顾名思义是自由绘制、无规律的曲线，更富有变化性、不确定性和强烈的个性。（图 4-2-6）

3. 折线

与直线和曲线相比，折线既具有直线的硬朗感觉，又具有曲线的变化性和运动感。同直线条和曲线设计相比，折线处于折衷状态，既具有不安定的性格特点，同时也可以产生动静皆宜的奇妙效果。（图 4-2-7）

图 4-2-6 针织套头衫的设计点是从后背颈部到前胸和手臂的弧形层叠式分割线，分割线在前衣身的位置采用黄金分割比例，形成优雅美妙的圆形轮廓（巴伦世家品牌设计）

图 4-2-7 锯齿形图案是米索尼品牌针织装经典图案之一

图 4-2-8 左图，背部蓝色带有线头的虚线装饰故意用来烘托一种未完成的原始质朴的肌理效果；右图，借鉴线描画法采用黑色线迹在白色衣身缝成人像图案进行装饰

4. 虚线

虚线是由点或很短的线段串联而成的长线，具有柔和、软弱、不明确的性格特点。在服装中，虚线几乎不用于结构线的设计，而主要起到装饰的作用。（图 4-2-8）

三、面在针织服装设计中的运用

面是线的移动轨迹。密集的点或线也可以形成面的感觉。面可以分为几何形态的面和自由形态的面。几何形态的面包括正方形、长方形、菱形、圆形、椭圆形等，具有规则整齐、理性秩序的美感。自由形态的面具有不规则性和偶然性，因其变化多样，处理得好会产生不同寻常的设计效果，反之，则会让人觉得杂乱无章。

在针织服装设计中，面不仅可以有长度和宽度，还可以有一定的厚度感，加以利用，能够产生面与面之间错落有致的肌理对比效果。面在针织服装上可通过线的排列和分割、组织和材料的变化、色彩和图案的变化等方法来构成，并以重复、渐变、扭转、连接、层叠、穿插等形式进行变化，使服装产生丰富的虚实量感和空间层次感。（图 4-2-9）

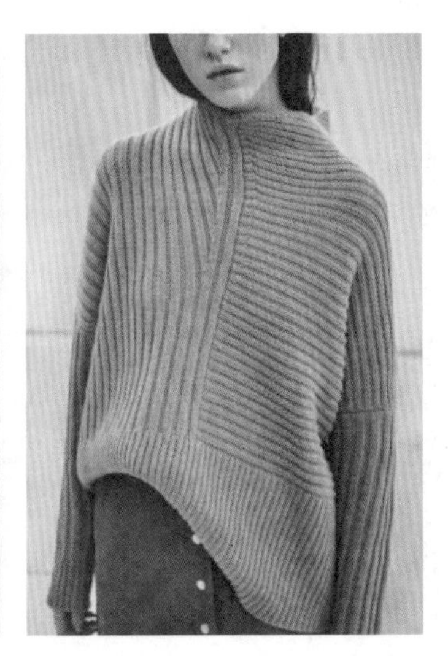

图 4-2-9 左图和中图，以相同组织通过色彩变化而自然产生的分界线形成面的感觉；右图，通过组织肌理和方向性变化以及拼接缝合而形成面的分割界限

第三节 针织服装部件设计

同梭织服装相比，针织服装在造型方面所受的局限较大，服装造型的外轮廓线条很难有大的突破。针织服装款式的流行除了点、线、面的构成变化，还体现在部件细节的设计上，常常一个或几个部件细节的变化就可成为新一季流行的主导元素。这里以针织上装为例来具体说明衣领、肩袖、口袋等部件细节的设计要点。

一、针织服装衣领设计

衣领的变化丰富多样，它不仅具有功能性，而且还富有装饰情趣，因此是针织服装上一个至关重要的构成细节。针织服装衣领设计主要包括领线和领子形态的设计。有的针织服装只有领线，有的针织服装只有领形，领线和领形也可以相互结合进行设计以丰富衣领造型的多样化。

在进行针织服装衣领设计时，还可借助组织肌理变化、色彩搭配和配件装饰等方面来丰富装饰效果。

（一）针织服装领线设计

领线是衣领的基础，既可以与领子配合构成衣领，也可以单独存在。根据领线形状的不同，主要可分为V领、圆领、一字领、U领、方领等，在此基础上可以演绎成多种领线形状。

1. 一字领

一字领的特点是横开比较大，领线的前中点比较高，通常在颈窝点上下。在结构设计上，前领线略微成弧线形状，以适合肩、颈部结构的特点，在穿着时呈现出“一”字形的外观效果。（图4-3-1、图4-3-2）

图4-3-2 左图，横开较大的一字领，运用逆向思维，故意制造一种衣身上下颠倒的视错觉，同时将套衫和开衫的样式相融合（王猛设计）；右图，偏襟结构的一字领（王猛设计）

图4-3-1 左图，小一字领套头衫（memo's 品牌设计）；右图，横开领较大的一字领背心，并以领口为重点进行装饰

2. 圆领

圆领是针织服装中比较常见的一种领线，前领口呈现出近似半圆形的弧线结构，线条柔和富有弹性，后领口多采用弯度较小的弧线形状。圆领可根据领线横开半径的大小进行变化，小圆领显得精致可爱，大圆领则显得典雅大方。（图 4-3-3）

图 4-3-3 左图，弹性的圆弧领线有助于缓和脸部线条产生柔化效果（赛琳品牌设计）；右图，大圆领套头衫，为颈部留下更多装饰的空间

3.V 领

V 领是针织服装中常见的一种领线，是将两条斜线对接成形，酷似字母"V"而得名。V 领引导视线向下移动，有助于使人的脸形显瘦。锐角形的 V 领给人以理智、严肃、干练的感觉；钝角形的 V 领给人以平和、开阔、大气的印象。V 领的设计可根据领线横开的宽窄、领线前中心点下沉的深度以及领边的装饰来进行变化。小 V 领显得比较精致、内敛、严谨；大 V 领的设计则彰显潇洒、帅气的性格特质。（图 4-3-4）

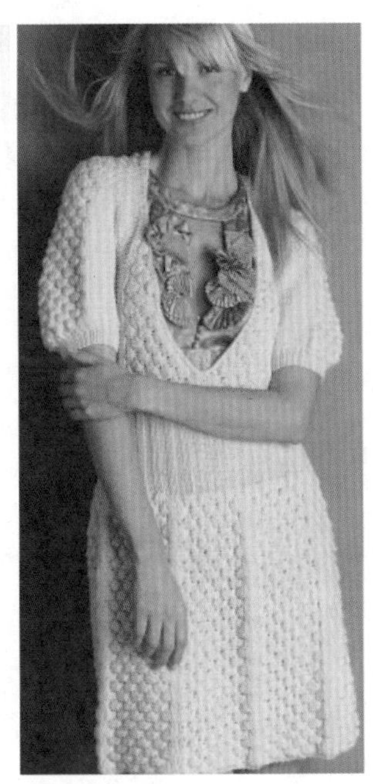

图 4-3-4 左图，小 V 领商务风格的套衫，适合搭配衬衫；右图，深 V 领偏正装风格的针织连衣裙，突出领口的装饰

4.U 领

U 领的形状介于圆领和 V 领之间，酷似字母"U"。U 领的设计可根据领线横开的宽窄、领线前中心点下沉的深度以及弧线的弯度来进行变化。U 领线条柔和，尤其是大 U 领极具古典美的韵味。（图 4-3-5）

图 4-3-5 左图，茧形针织背心的 U 形领口处点缀的立体花朵装饰，是整件服装的点睛之笔（张波设计）；右图，偏休闲风格的 U 领针织背心

5. 方领

方领是正方形或长方形的领线形状。方领的设计可根据领口的横向宽度或纵向深度进行变化。方领通常是以 90° 的直角来构成，相互垂直的线条给人的感觉比较理性、严肃、硬朗。由于针织装具有较大的弹性和拉伸性，因此，方领在针织装领口的设计中运用得较少。（图 4-3-6）

图 4-3-6 左图，方领给人以理性、严肃、硬朗的感觉；右图，直线条的方形领口配以水平和垂直的彩色条纹，创造出明快的节奏感（王猛设计）

6. 其他领线

针织服装在上述几种领线基础上，还可以衍变出各种各样、不同形状的领线造型，例如不对称领线、复合领线、单肩领线等，以追求出奇制胜的新颖效果。

1）不对称领线

在生活中，我们所穿的衣服大多是对称的，给人以平衡的感觉；而不对称的设计常常给人以另类、新奇的印象。针织服装的领线采用不对称的线条通过巧妙的设计，既可以给人新颖的感觉，又不会破坏整体的均衡。（图 4-3-7）

图 4-3-7 钩花图案是重要设计点，使得不对称的领线和底摆更显别致

2）复合领线

复合领线是将两种或两种以上的领线相结合进行设计。同传统的单一领线造型相比较，复合领线更富有新意和时代感，是传统针织服装领线的一大突破。（图 4-3-8、图 4-3-9）

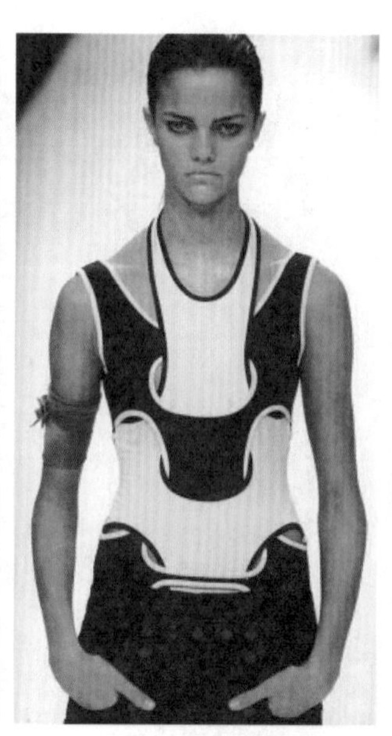

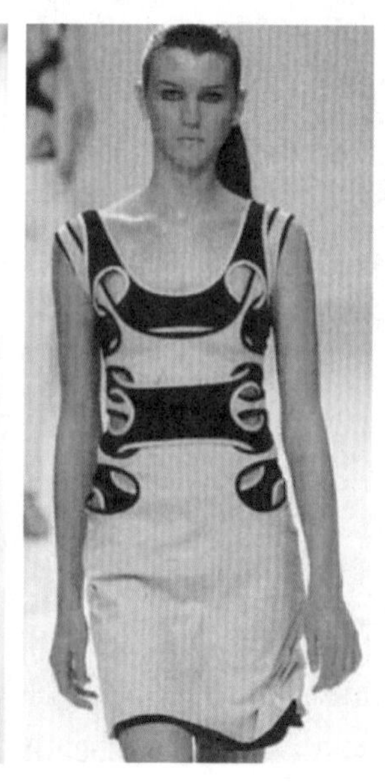

图 4-3-8 左图，V 领与 U 领组合的复合领线，丰富了领线的变化；中图和右图，流线造型的复合领线，倾向于运动风格的表现

图 4-3-9 左图，设计点在领口位置，在大 U 领口基础上，将 H 形进行变形处理与之相衔接（何思设计）；右图，前面方领与后面圆领巧妙地相组合，产生一种叠穿的视错觉（王猛设计）

图 4-3-10 传统针织衫的立领结构

（二）针织服装领形设计

同梭织服装相比，由于针织物的弹性和拉伸性较好，因此领子的结构相对简单，领形的变化主要可分为立领、翻领、披肩领、连帽领、西服领等，在此基础上可以延伸变化出多种衣领形状。

1. 立领

立领的形状变化可根据领口线横开的宽度、领口线的深度和立领的高度等变化来进行设计。（图 4-3-10）

2. 翻领

翻领的形状变化主要可通过领面的宽窄、领尖的角度大小等变化来进行款式变化。（图 4-3-11）

图 4-3-11 左图，针织开衫通过组织肌理的变化凸显 V 领线和小翻领的结构特点；右图，大翻领针织开衫，衣襟结构富有创意变化（亚历山大·麦昆品牌设计）

图 4-3-12 左图，立领围度的增大呈现出披肩领的效果（亚历山大・麦昆品牌设计）；右图，加大的翻领成为小型的披肩，领部的提花图案与底摆相呼应（张娴设计）

图 4-3-13 左图，连帽领针织开衫（索尼娅・瑞吉尔品牌设计）；右图，连帽领与衣身肌理相呼应，强调廓形感和浮雕感

3. 披肩领

披肩领主要是在立领、翻领的基础上进行变化设计，将领子的结构和披肩的形式相结合，形成一种兼具领子和披肩特点的样式。（图 4-3-12）

4. 连帽领

连帽领，也称为风帽领，是休闲装中一种常见的样式。它将帽子与领子的结构相连接，有防风、保暖的功能，多用于春秋和冬季服装中，给人以自由随意、休闲放松的感觉。（图 4-3-13）

5. 西服领

西服领源自西服的领形，包括平驳领、戗驳领和青果领的样式变化。西服领给人以正式的感觉，是现代职业装设计的经典领形。西服领结构较为复杂，在针织装中应用较少。在设计中可根据领口的深度、领面的宽窄等变化来进行款式变化。（图 4-3-14）

图 4-3-14 左图，休闲风格的平驳领针织开衫（memo’s 品牌设计）；中图，偏于商务风格的平驳领针织开衫（杜嘉班纳品牌设计）；右图，青果领针织开衫

6. 其他领形

针织服装领形除了常见的立领、翻领、披肩领、连帽领、西服领，在此基础上，还可以发挥创意衍变出各种各样、不同形状的领子造型。（图 4-3-15）

二、针织服装肩袖设计

服装的肩部和袖子接合紧密，肩部既可在没有袖子的情况下独立造型，也可与袖子共同进行款式的构造。针织服装肩袖设计的构成要素主要包括袖窿的形状、袖山的高低、袖身的长短和肥瘦变化、袖口的宽窄以及袖身的装饰等，具体设计时可以以某种要素为主进行变化和强调，或者几种要素相结合进行综合设计。（图 4-3-16）

袖形的种类根据结构来划分，主要可以分为装袖、插肩袖和连身袖，以此为基础还可衍生出千变万化的样式。

图 4-3-15 左图，V 领和不对称翻领相组合（苏君设计）；中图，立领与一字形翻领相结合（王猛设计）；右图，将立领结构进行夸张处理，强调肌理质感和廓形感（王猛设计）

图 4-3-16 左图，运用层叠手法完成从领部到肩部的设计，不仅具有节奏感，而且使得腰部线条更显纤细；中图，设计点在于袖山的装饰，突出袖子廓型感且与衣身口袋的装饰相呼应；右图，采用粗棒针编织以突出高耸的肩袖造型

1. 装袖

装袖是根据人体肩、臂的结构为基础进行造型，包括袖窿与袖子两个部分。梭织服装的装袖主要可分为一片袖、两片袖、三片袖和多片袖。一片袖多用于比较宽松的袖子造型，如衬衫；两片袖和三片袖多用于比较合体的袖子造型，如西服上衣；而多片袖常常出于装饰的考虑进行造型，如出于面料肌理的对比、色彩图案的搭配以及款式细节的变化等因素进行袖片的分割与拼接。针织服装由于具有较好的弹性，不管是合体的造型还是宽松的样式均能达到活动方便的要求，因此，在针织服装中装袖通常采用一片袖的结构，两片袖以上的结构多是出于款式花样设计的考虑，并非受结构合体性的限制。（图 4-3-17）

2. 插肩袖

插肩袖是指衣身的肩部与袖子连成一个整体的一种袖形。针织装中插肩袖的样式是受梭织服装的启发而来。插肩袖最早来源于经典男装巴尔玛肯防雨风衣外套，因为这种结构更适合防水，因此防风雨的外套大多采用插肩袖的结构设计。针织装插肩袖设计的要点主要包括袖窿线在衣身的位置和弧线形状、袖子的长短和袖形的肥瘦以及采用的组织变化等。（图 4-3-18）

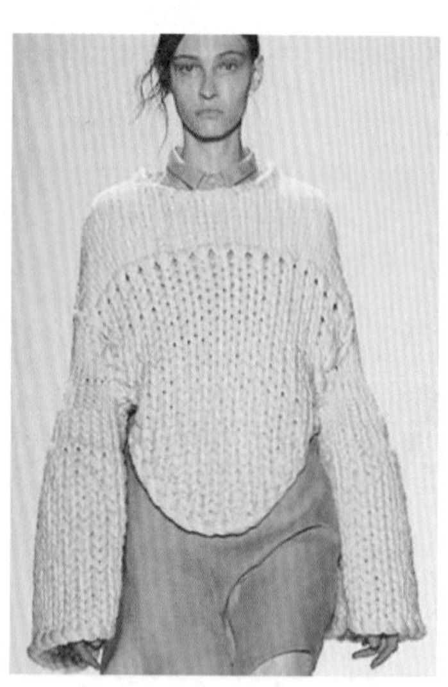

图 4-3-17 左图，是在正常肩点位置的装袖（娜塔丽娅·艾拉沃迪安品牌设计）；中图，属于装袖中的落肩袖处理，并采用纱线由细到粗的渐变来强调喇叭袖的造型特点；右图，装袖采用茧形造型（夏奈尔品牌设计）

图 4-3-18 左图，插肩袖与衣身衔接部位以挑花组织的孔眼来进行强调和装饰（娜塔丽娅·艾拉沃迪安品牌设计）；右图，插肩袖袖窿线配合肩部装饰以凸起的立体装饰强调针织的廓型感和肌理效果

图 4-3-19 左图和中图，针织套头蝙蝠衫；右图，针织开襟蝙蝠衫

3. 连身袖

连身袖历史悠久，中国历朝历代传统服装主要是连身袖的样式。传统意义上的连身袖大多比较宽松肥大，给人以洒脱、大气、含蓄而不拘谨的感觉，具有典型的东方气质。在针织装中，蝙蝠袖是具有代表性的连身袖，其整体造型就像蝙蝠张开翅膀的样子。蝙蝠衫穿起来自由宽松、收放自如，而且具有显瘦的视觉效果，属于经典的流行款。（图 4-3-19）

针织装肩袖设计除了传统意义上常见的装袖、插肩袖和连身袖以外，还有不对称肩袖设计，以及将两种或两种以上的袖形相结合的复合袖形设计。不断融入新的设计理念和时尚元素，针织服装袖子造型也在不断突破和创新，越来越具有时代感和设计感。

三、针织服装口袋设计

在服装设计中，口袋作为服装构成的部件，不仅具有实用功能，而且起到装饰的效果，在设计的考虑上已经远远超越了放置小件物品以及护手保暖的实用价值。针织服装上口袋的种类根据工艺结构来划分，主要可以分为贴袋、挖袋和插袋，以此为基础可进行变化。

1. 贴袋

贴袋是一种基础袋形，是将口袋的形状直接缝合在服装的表面。虽然贴袋的工艺制作比较简单，却富于变化和创新的设计空间。常见的传统贴袋造型是中规中矩的方形，给人以大方得体的感觉。可对口袋的外形和空间的立体感进行变化，或俏皮或帅气，这是贴袋的一大设计优势。

贴袋的设计需着重考虑局部与整体之间的协调关系，应符合服装的整体风格。贴袋的设计要点可进行外形的变化、色彩的搭配、组织图案以及刺绣等装饰处理。（图 4-3-20、图 4-3-21）

图 4-3-20 左图，利用平针组织的卷边特性，在贴袋的袋口处自然翻折，并与袖口和底摆卷边相呼应，田山淳朗品牌设计；右图，具有休闲感的梯形贴袋

图 4-3-21 左图，蓝色 T 恤前身的贴袋外形是跨栏背心，并采用对比色彩来突出设计点，富有设计的趣味性（罗琼设计）；右图，贴袋外形的设计灵感来源于儿童的系绳手套（苏君设计）

2. 插袋

插袋是在服装接缝处缝合时预先留出一段距离不缝合，以将口袋的开口处缝合在服装的里面。由于口袋隐藏在分割线内，所以既保证了口袋的功能性又不会破坏服装的整体感。

同贴袋相比，针织装插袋的设计发挥空间比较小，更倾向于简洁、内敛、含蓄。（图 4-3-22）

3. 挖袋

挖袋是在衣身面料上剪出袋口形状或通过收针等手法预留出袋口，里面以口袋里料缝合。挖袋的结构和工艺相对复杂。在款式设计时，挖袋既可单独使用也可搭配袋盖等装饰以增强设计感。由于针织装线圈具有易脱落性，因此同其他口袋相比，挖袋在针织装中运用得较少。（图 4-3-23）

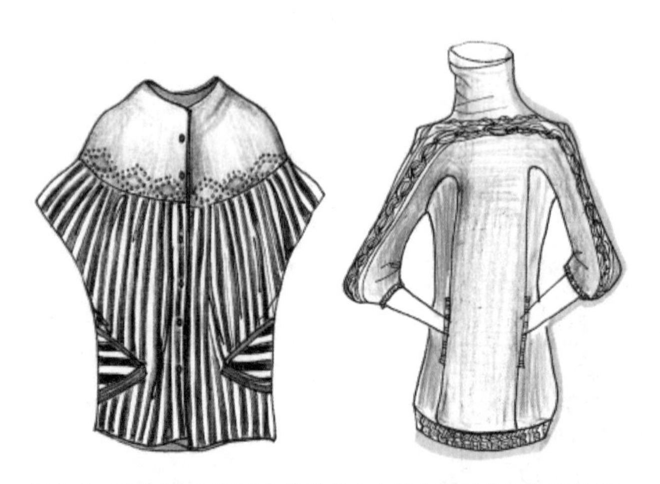

图 4-3-22 左图，运用黑白条纹的方向性突出插袋细节设计（于晶晶设计）；右图，衣身采用蓝色和灰色相拼接，插袋隐藏在接缝处（苏君设计）

图 4-3-23 左图，将挖袋作为设计点之一，并运用箭头形装饰和补色对比进行色彩搭配和强调（欧阳魅设计）；右图，挖袋袋口与袖口、底摆部位的罗纹组织相呼应（张鑫齐设计）

Chapter 5

第五章 针织服装色彩与图案设计

学习重点

※ 色彩的三属性和色彩的种类

※ 针织服装色彩搭配原则

※ 针织服装色彩搭配方法

※ 针织服装图案设计组织形式

第一节 针织服装色彩搭配

俗话说："远看色，近看花"。它说明色彩最先进入人们的视线并优先吸引人们的注意力。无论是古代还是现代，色彩在服饰审美中都起着举足轻重的作用。

一、服装色彩基础知识

（一）色彩的效用

1. 装饰性

色彩对于服装具有明显的装饰效果。令人赏心悦目的色彩搭配毫无疑问会使服装脱颖而出、引人注意。人们对自己喜爱的色彩的服装常常会忍不住近距离观瞧，而对自己不喜欢的色彩的服装则会一掠而过。流行色机构正是利用色彩的这一特点来引导色彩的流行变化，通过发布新的流行色趋势来引领人们对服装的消费。

2. 实用性

色彩有助于保护身体，抵抗自然界的伤害，以及起到安全、警示的作用。例如，深色衣服可以更多地吸收光和热量，浅色衣服则可以更多地反射太阳光，利用这一点可以进行季节性服装的设计；色彩明亮鲜艳以及有荧光色的衣服易于吸引人们的注意，利用这一点可以进行舞台展示服装的设计以及特种服装的设计。

3. 社会性

在古代，不同的服饰色彩标志着不同的社会阶层，因此穿着不同色彩的服装意味着身份地位的不同。例如，在中国古代，黄色是皇家服饰的专有色彩，红得发紫源于达官贵族的服饰色彩，白衣秀才指的是平民百姓。即使在现代，色彩已经不具有那么强的限制条件，但是通过服装上标识性的设计仍然可以表明其社会归属性，比如通过一个人的服饰色彩也能够大约判断出穿着者的年龄、性别、性格、职业和审美喜好等状况。

（二）色彩的属性

色彩的属性包括色彩的色相、明度和纯度三个要素。

色相是指色彩的相貌特征。色相是用于区别色彩的名称，例如红色、黄色、蓝色等。

明度是指色彩的明暗程度。色彩加入白色明度会提高，加入黑色明度会降低。高明度的色彩具有膨胀感，低明度的色彩具有收缩感。在服装上利用这一点可以进行视错觉的设计，以达到显瘦或丰满的效果。

纯度又称为彩度、饱和度、鲜艳度，是指色彩的纯净程度。一种色彩加入黑、白或另一种色彩后，它自身的纯度就会降低。在服装上，高纯度的色彩给人以青春、富有活力的感觉，低纯度的色彩倾向于成熟、稳重。（图 5-1-1）

图 5-1-1 "全色彩的贝纳通"是贝纳通品牌的经典广告用语，大胆应用明亮鲜艳的色彩以及致力于跨越文化和地域的界限是该品牌的设计特色

（三）色彩的种类

自然界中色彩变化万千，通常可分为有彩色系和无彩色系两大类。

有彩色系具有色彩的三个属性，即色相、明度和纯度。光谱中的全部色彩都属于有彩色系。彩色条纹

是针织衫设计中的一大特色，尤其是彩虹色调的针织衫给人以热情奔放、充满青春活力的感觉。（图5-1-2）

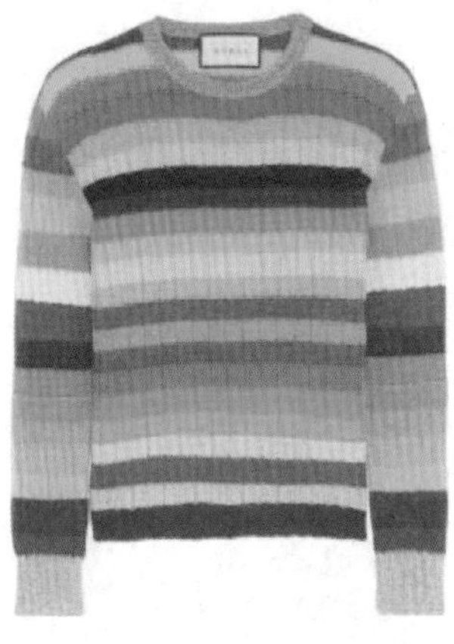

图5-1-2 彩色条纹是针织衫的设计特色之一，适于表现明朗活泼、充满阳光感的青春活力。左图，落肩短袖针织衫（保罗·史密斯品牌设计）；中图，衣身的条纹和袖子的条纹在色彩搭配和宽窄上都呈现出变化效果，古驰品牌设计；右图，加宽的彩色条纹结合挑花组织的孔眼效果，凸显针织衫色彩和质感的设计特点

无彩色系指黑、白、灰，即黑色、白色以及由黑白两色调出的各种深浅不同的灰色系列。无彩色也称为中性色，相对于有彩色系而言，无彩色系只有明度上的变化，而不具有色相和纯度的性质。黑白条纹是针织衫设计的经典色彩图案，既理性沉稳、简约素雅，又具有个性化和彰显酷感的气质特色。（图5-1-3）

二、针织服装色彩搭配原则

服装色彩的搭配，即服装色彩的分配，指色彩在一套或一件服装中的布局和构图，它依靠形式美的规律和原则来形成美的配色，构成统一和谐的色彩整体效果。针织服装配色可遵循以下几个原则。

1. 比例

服装配色比例是指一套或一件服装中各个色彩之间的面积、形状、位置、空间等的相互关系和比较。良好的色彩比例对于服装整体美起着重要的作用。常用的服装色彩配色的比例有等比比例、等差比例、黄金比例、夸张比例等。（图5-1-4）

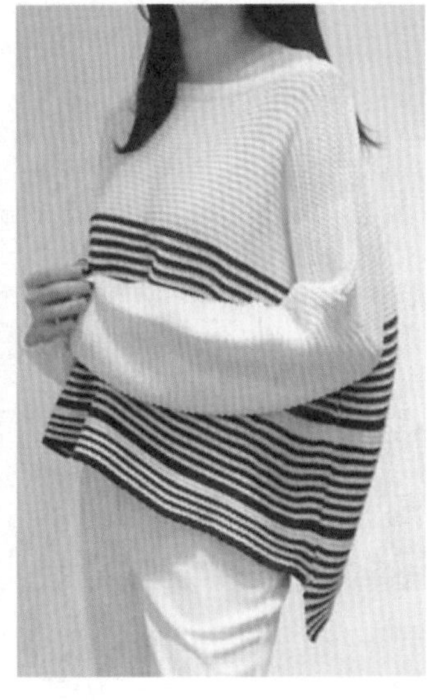

图5-1-3 黑白条纹是现代针织衫的经典配色

图5-1-4 左图，黑白色搭配采用1:1比例分配，通过色彩之间的巧妙穿插形成别致的设计效果；右图，采用夸张比例进行对比，大面积的白色搭配小面积的黑色，色彩的主次关系清晰，并形成鲜明的对比效果

图 5-1-5 左图，窄条纹色彩形成的节奏律动感较强（让·保罗·高提耶品牌设计）；中图，宽条纹色彩形成的节奏律动感比较舒缓（岛田顺子品牌设计）；右图，斜条纹色彩形成的节奏具有特别的视觉效果（莫斯奇诺品牌设计）

2. 节奏

服装配色的节奏是指一套或一件服装中某几种色彩的排列关系，形成有规律或无规律的重复。针织服装配色中的节奏感和层次感由色彩的位置决定。（图 5-1-5）

3. 平衡

针织服装配色的平衡是指色彩搭配后给人带来视觉上的平稳安定感，即色彩在服装上的分割和布局上的合理性和匀称性。色彩的明暗、强弱、冷暖以及色彩的面积大小、形状和位置，都是影响服装配色平衡的因素。服装配色平衡有对称和均衡两种。（图 5-1-6、图 5-1-7）

图 5-1-6 左图，色彩搭配的对称平衡效果；右图，不对称的色彩搭配所产生的视觉均衡效果

图 5-1-7 不对称的设计通过色彩搭配不仅可以达到均衡的视觉效果，同时有助于凸显设计的分割和层次感（Mercedes De Miguel 品牌设计）

4. 呼应

针织服装配色的呼应是指在一套或一件服装中的某种色彩在不同位置的重复出现，是色彩之间的相互照应。它包括了服装部件或细节之间的呼应、内外衣色彩的呼应、上下装色彩的呼应以及服装和服饰品色彩的呼应，使得服装配色在色彩上保持关联，求得统一的视觉美感。（图 5-1-8）

图 5-1-8 上下装的色彩以及系列之间的色彩相互呼应（圣索维诺品牌设计）

5. 渐变

针织服装配色的渐变是指在一套或一件服装中对色彩的色相、明度、纯度以及色块的形状进行逐渐递增或逐渐递减的规则变化，包括平面渐变和实体渐变。平面渐变是指在同一平面上的色彩变化，实体渐变是指在服装层次上的色彩变化。（图 5-1-9）

6. 透叠

针织服装配色的透叠是指服装采用了透明材质的纱线或组织叠置，也就是利用了色彩的透光性能，产生的新的色彩感觉。透叠可以使服装的色彩更富有层次感。透叠效果有两种，一种使色彩倾向得到改变，另一种使色彩变得更加朦胧。针织服装的透叠效果可以通过减少针织物的密度以及采用特别的组织，例如挑花组织、浮线编织等方法达到。（图 5-1-10）

图 5-1-9 色彩的渐变既可以通过后处理上色来完成，也可以通过在编织过程中替换不同色调的纱线来完成（文斯品牌设计）

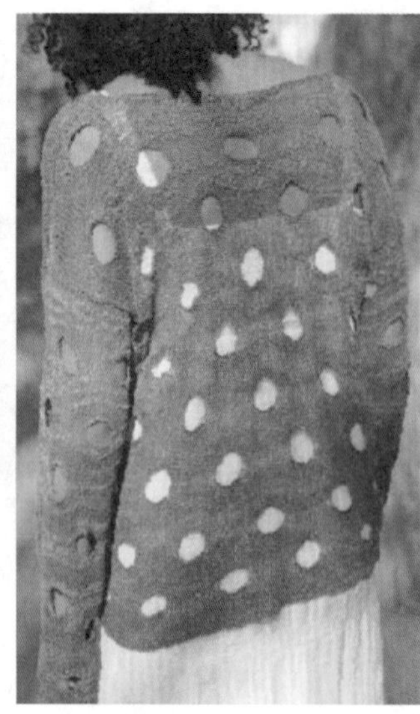
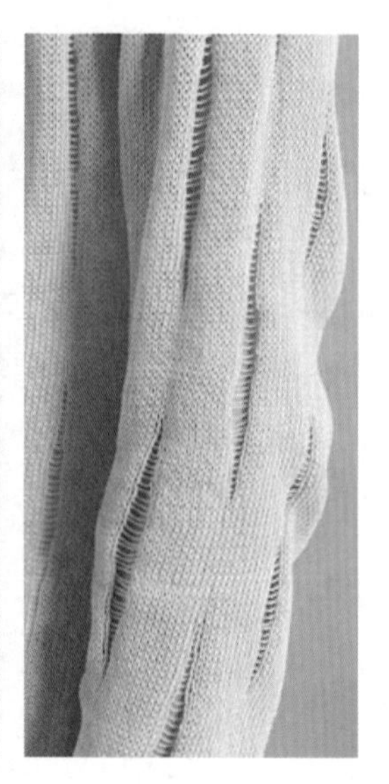

图 5-1-10 左图，采用纤细纱线同时减小密度达到的轻薄和挑花组织形成的透露有助于凸显设计的透叠效果；右图，平针组织结合浮线编织形成若隐若现的对比效果

三、针织服装色彩搭配方法

（一）单色构成

单色构成是指一件或一套服装采用同一种色彩构成。单色构成的优点是易于达到整体统一的协调效果，缺点是有时会显得单调、沉闷。单色构成的针织服装在市场上比较常见，以简约的风格为主，易于与其他服装进行搭配，适用面比较广。单色构成的针织服装特别适合于从纱线、组织肌理等方面进行设计的变化以及塑造特别的针织服装廓形结构，可以起到背景衬托主体设计的效果。（图 5-1-11）

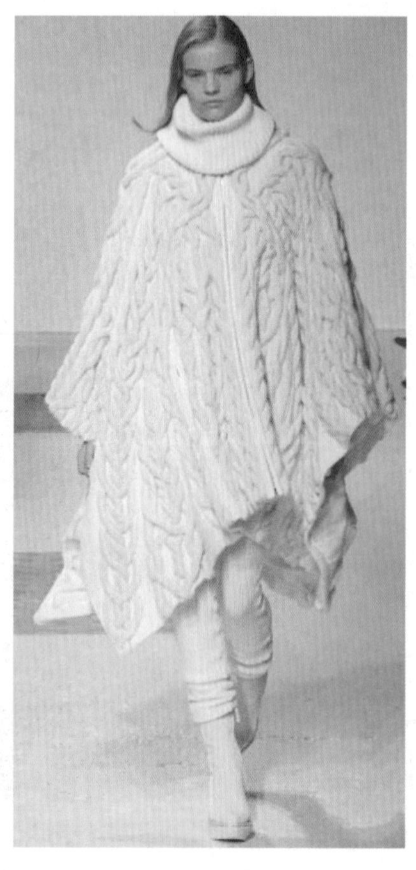

图 5-1-11 以白色调来强调结构的轮廓线条和组织肌理的凹凸变化，凸显建筑感和雕塑感

（二）双色构成

双色构成是指一件或一套服装采用两种色彩进行搭配。在色彩搭配过程中，需要注意两色之间的面积比例形成主次关系，避免相互之间争抢视线的焦点，以及运用穿插、置换、交替的手法来丰富设计的变化。

1. 邻近色、类似色搭配

如 5-1-12 所示，色相环上 30^0 以内的色彩相互之间属于邻近色，60^0 以内的色彩相互之间属于类似色。邻近色或类似色搭配因为色彩与色彩之间具有共同的色相因素，都包含有对方色彩的成分，因而易于取得协调的统一效果，其色彩搭配给人以精致微妙、柔和细腻的感觉。邻近色或类似色搭配时，需要注意考虑色彩之间的差异性，以避免过小的差异易于导致色彩之间的含混不清，缺少层次感。通常而言，类似色搭配比邻近色搭配在色彩层次的变化上的效果更加突出。（图 5-1-13）

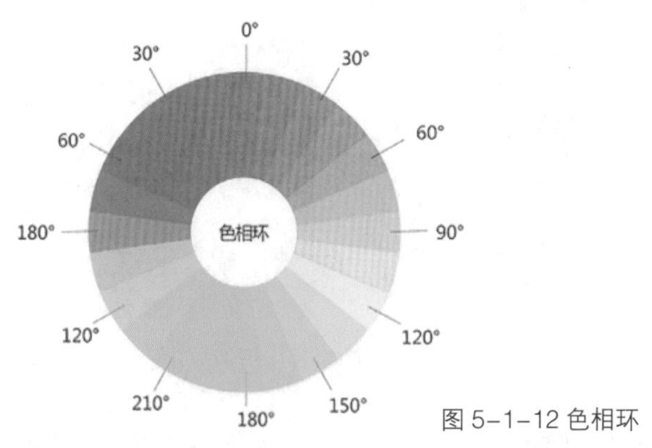

图 5-1-12 色相环

图 5-1-13 色彩条纹因为具有共同的色相因素易于取得和谐统一的效果（贝纳通品牌设计）

2. 对比色、互补色搭配

色相环上间隔 120^0 的色彩相互之间属于对比色，相对的即间隔 180^0 的色彩相互之间属于互补色。对比色或互补色搭配具有明显的对比效果和跳跃感，视觉冲击力强烈。可以通过提高或降低其中一种色彩的明度或纯度的办法来进行调和。

（三）多色构成

多色构成是指一件或一套服装采用两种以上的色彩进行搭配。多色构成的服装色彩层次感更强，比单色、双色构成更加丰富、活泼。在进行多色构成时，

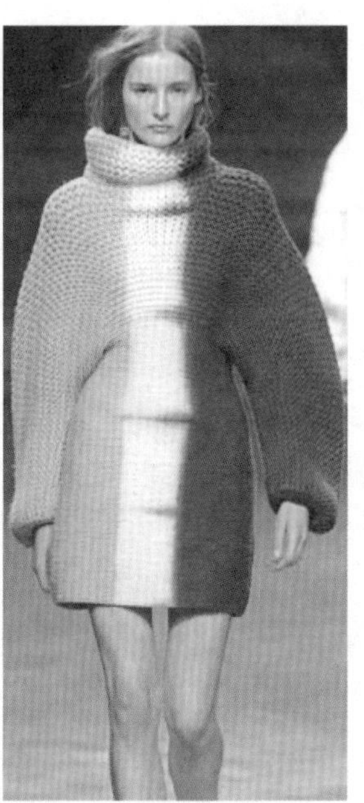

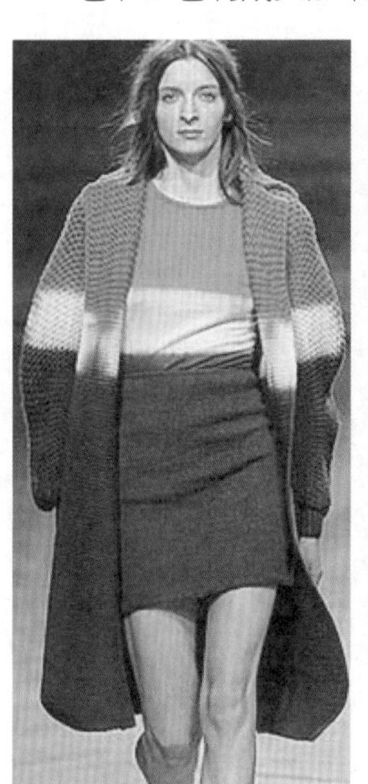

图 5-1-14 采用橙色与蓝色、黄色与蓝色的对比色进行色彩搭配，通过调整色彩的纯度和运用白色间隔来达到和谐的色彩构成效果（克里斯汀・万诺斯品牌设计）

一方面，需要注意把握服装的总体色调，明确主色调、辅助色和点缀色，使色彩主题既重点突出又具有细节变化；另一方面，运用黑、白、灰无彩色进行间隔与调和，使得服装上的色彩既能达到丰富的变化效果，同时相互之间又能安然相处，形成和谐的色彩搭配。（图 5-1-14）

第二节 针织服装图案设计

图案是继服装设计三要素即材料、款式、色彩之后的另一个重要构成要素。服饰图案不仅具有实用性，而且具有装饰性。图案按组织形式可分为单独纹样、适合纹样和连续纹样三大类。图案在针织服装设计中常常成为重要的设计点而起到画龙点睛的作用。

一、针织服装单独纹样设计

单独纹样指图案构成不受外轮廓和内部骨格的限制，可单独处理、自由运用的一种装饰纹样。单独纹样具有独立完整的特点，是图案构成中最基本的单位和组织形式。单独纹样既可以被单独用于装饰，也可作为其他纹样的基本构成单位。单独纹样可细分为对称式和均衡式两种。

1. 对称式单独纹样

对称式单独纹样是指如果以假设的对称轴或中心点为基准，纹样呈左右或上下对称状态。对称式单独纹样具有结构严谨、规则整齐的特点。

2. 均衡式单独纹样

均衡式单独纹样不受对称轴或中心点的制约，结构比较自由，但需要注意保持图案重心的视觉平衡感，避免重心不稳、左右失衡。均衡式单独纹样具有动静结合、稳中求变、灵活舒展的特点。

在针织服装设计中，单独纹样常常承载着时代的流行文化主题，以灵活地表现形式被越来越多地广泛应用。单独纹样作为重要的设计点，起到引导视线和画龙点睛的作用。单独纹样的装饰位置通常集中在服装的上半身，使之处于正常的视线范围内得以最大限度地突出表现。（图 5-2-1）

图 5-2-1 灵感来源于麦当劳快餐标识的变化设计，单独图案由对称的 M 图形和均衡的文字编排相结合，令人不禁联想到当下的快时尚潮流和快餐文化的相似之处（莫斯奇诺品牌设计）

二、针织服装适合纹样设计

适合纹样指将图案形态限制在特定轮廓线以内的一种装饰纹样。适合纹样外形完整，内部图案设计与外形轮廓巧妙结合，在工艺美术设计中应用普遍。适合纹样可细分为填充纹样、角隅纹样和边饰纹样三种形式。

1. 填充纹样

填充纹样指用一个或多个图案构成元素填满特定的处于闭合状态的外轮廓线。在针织服装设计中，填充纹样可以依据设计的具体需要进行灵活运用，例如既可以将服装的整体衣身作为轮廓形状进行图案的设计和填充，也可以只填充服装的前身、后身、袖子等局部。（图 5-2-2）

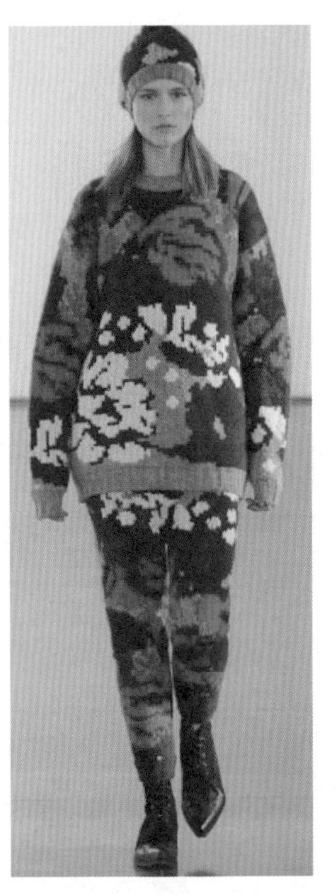

图 5-2-2 以服装整体轮廓作为外形线采用提花工艺手法进行图案的设计和填充

2. 角隅纹样

角隅纹样指适合边角形状限制的装饰纹样。在针织服装设计中，角隅纹样可利用服装的板型在肩部、袖部等结构线的边角位置展开设计。（图 5-2-3）

图 5-2-3 以鹦鹉为主体图案采用提花工艺手法在领口、肩袖和侧缝形成的边角部位进行装饰（索尼娅·瑞吉尔品牌设计）

3. 边饰纹样

边饰纹样指适合特定边框形状的带状装饰纹样。在针织服装设计中，边饰纹样主要用于领部、袖口、底摆边缘部位的装饰。（图 5-2-4）

同填充纹样相比较而言，角隅纹样和边饰纹样在外形限制上具有较大的空间开放性和自由灵活性。

三、针织服装连续纹样设计

连续纹样指以一个单位纹样重复排列形成的可以无限循环、连续不断的图案。连续纹样具有整齐、规律的形式特点，具有较强的统一感。连续纹样可细分为二方连续和四方连续两种形式。

1. 二方连续纹样

二方连续纹样指一个单位纹样向上下或左右两个方向循环连续地重复排列，呈现出横向或纵向的带状装饰纹样。在针织服装设计中，二方连续纹样既可以单独运用，也可以将几个二方连续纹样进行组合运用，在整体的统一中呈现出更加丰富的设计变化。二方连续纹样通常应用于服装的领口、袖口、前襟、底摆边缘以及特定的设计位置。（图 5-2-5）

2. 四方连续纹样

四方连续纹样指一个单位纹样向上下左右四个方向循环连续地重复排列所形成的装饰纹样。在针织服装设计中，四方连续纹样可作为填充纹样局部或整体地应用在前身、后身、袖子等部位。（图 5-2-6）

二方连续纹样和四方连续纹样相比较而言，二方连续呈现出线条的方向性，而四方连续更倾向于面的感觉。（图 5-2-7）

图 5-2-4 边饰纹样主要用于针织服装的领部、袖口、底摆边缘部位的装饰

图 5-2-5 发挥针织组织的特性不仅可以达到连续纹样的装饰美感，而且还具有肌理效果

图 5-2-6 运用绞花组织形成四方连续纹样的图案和肌理效果

图 5-2-7 以提花组织的点状四方连续纹样作为背景来衬托前胸二方连续的主体图案，凸显圣诞节日主题氛围

Chapter 6

第六章 针织服装系列设计

学习重点

※ 服装单品设计与系列设计的区别

※ 针织服装系列设计方法

※ 创意针织时装系列设计

第一节 服装单品设计与系列设计的区别

单品设计和系列设计是服装产品开发过程中常用的两种方法，这两种方法既具有各自的特点，同时又相互关联。

一、服装单品设计

单品是指每一季所推出的产品中，产品与产品之间没有特定的关联，各自独立、单一存在的商品。

单品设计的优势在于设计时限制因素较少，因而灵活性较大；缺点是不同风格、各自独立的单品混合在一起，整体感较弱，视觉效果不够突出，会分散、削弱竞争力。

通常情况下，定位于低端市场的小型服装制造商、批发商和零售商会选择单品的方式进行生产和销售，因为单品的灵活性比较大，设计和生产周期都比较短，易于快速对流行趋势和市场上热卖的款式做出反应，以迅速组织生产迎合市场需要，可以减少产品开发设计的风险损失，降低成本。但另一方面，聚焦于单品设计的服装厂商大多品牌意识薄弱，品牌效应不强，产品附加值较低，依赖于薄利多销，处于被动跟跑市场的状态。（图 6-1-1）

二、服装系列设计

系列是指既相互关联又相互制约的一组事物。服装系列设计是基于共同的主题、风格，在款式、色彩和材料等各个因素之间相互呼应、相辅相成的多套服装整体设计。

系列化设计的优势是主题明确、风格统一，每一系列的设计作品或开发的产品既具有丰富的款式变化，同时又是同一理念下的延伸发展，因而整体感强，视觉效果突出，有助于凝聚竞争力。

产品系列化设计是工业革命以来，产品设计标准化发展的高级形式。对于服装制造商而言，可以满足消费者多方面的需求，有助于更好地吸引住消费者，以及增加其对市场的应变能力和提高竞争的综合实力。这也是品牌服装（尤其是国际奢侈品牌）每一季所推出的时装秀都会有鲜明的设计主题以及多达数十套甚至上百套成系列的新品设计的原因所在。

单品设计和系列设计方法既可以各自独立运用，有时也相互关联。从单品设计中，可以延伸出系列设计的丰富变化；从系列设计中，也可以筛选、提炼出热卖的单品设计，甚至沉淀为经典的基本款设计。（图 6-1-2）

图 6-1-1 小型服装店多采用单品组货的方式进行销售，单品之间的款式风格和号型规格常常存在差异

图 6-1-2 系列设计既有款式变化的多样性，又有高度的统一性和整体感（米索尼品牌设计）

第二节 针织服装系列设计方法

古人云："熟读唐诗三百首，不会作诗也会吟。"服装设计与诗歌创作有一定的相似之处，既有天赋因素的影响，也有一定的基本方法和技巧可以遵循。

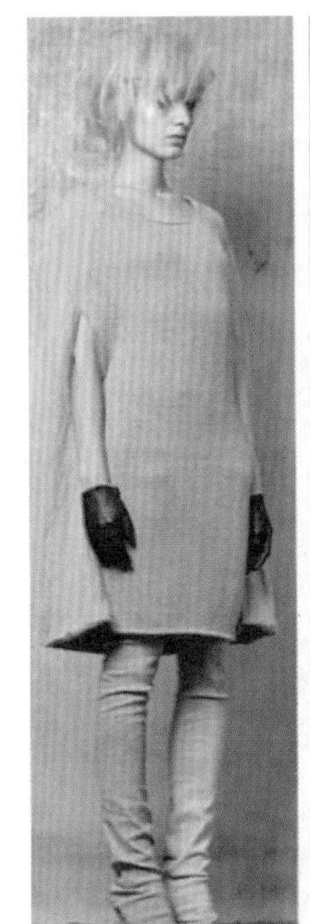
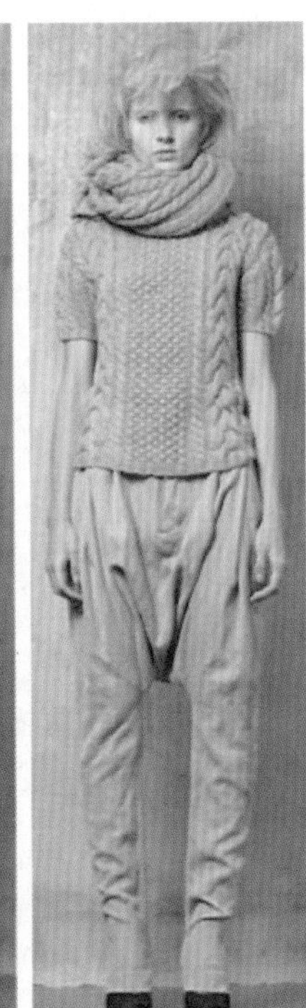

图 6-2-1 中国古典禅宗美学理念贯穿整个系列，以现代的设计手法进行诠释，表达了自然淡泊、清净高雅的意境（王汁品牌设计）

一、主题系列设计法

选定一个主题，围绕主题的情景或意境展开想象，通过服装的造型、材料、色彩、图案及装饰的变化进行系列延伸设计，再现主题的整体感觉。

（一）抽象的主题

主题的选择可以务虚。例如，创作灵感来源于一种审美哲学或是一种前卫文化艺术思潮，亦或是一首诗词、一部科幻小说展开的想象。这种主题通常比较抽象，没有具体的服装样式可以借鉴。这时可以从背景中汲取养分，将抽象的意念进行分析转化为具体可行的材料，然后从意境的营造和情感的表达来着手塑造。即使是同一主题，也可以有多个视角切入，不同的设计师可以基于

自己的生活体验有着不同的发挥空间，同时也可以留给观众更多的理解空间。（图 6-2-1）

（二）具象的主题

主题的选择也可以务实。这种主题的灵感来源通常会比较具体直观。例如，自然界中动植物的形态，传统艺术和当代艺术形式的借鉴，甚至古代和现代已有服装样式的参照，可以从中提取出具体的元素结合创作者个人的重新理解而进行应用或加以转化。（图 6-2-2）

运用主题系列设计法需要注意逻辑思维顺序，应该是先明确主题，挖掘兴趣点有感而发，以避免主题空洞缺少内涵，然后是组织设计材料将其成形并延伸为一个系列。这样的主题系列作品通常可以看到创作者清晰的设计思路和完整的作品表达，切忌在设计过程中东拼西凑，或是完成作品后再去倒推寻找主题，给人以牵强附会的感觉。

图 6-2-2 主题灵感来源于东非马赛游牧民族服饰，并与品牌自身风格特色相融合（米索尼品牌设计）

二、利用针织物的特性进行系列设计

所谓针织物的特性是指针织物本身自然而然所具备的性能和表现。这种特性使得针织服装同梭织服装相比，既具有标识性，易于识别，同时也使得针织服装之间具有一定的关联性，可以成为系列之内各款服装的联系纽带。（图 6-2-3）

（一）针织物的伸缩性

针织物具有良好的伸缩性，这种特性几乎贯穿于各种针织组织中而成为一种共性，使得针织服装系列设计相比较梭织服装系列设计而言，更易于达到和谐的视觉效果。在造型变化上，这种特性使得针织服装既适于合体造型的设计，也适于宽松风格的塑造，在系列设计中可以充分结合这一特性进行应用，以突出针织服装设计的优势。

（二）针织物平针组织的卷边性

针织物的平针组织具有独特的卷边性，在工艺上，这种卷边性因为不利于衣片之间的缝合，原本是针织服装的弊端，但是在设计中可以变弊为利，利用针织物的卷边性，在服装的领口、袖口、下摆等部位进行设计，从而使针织服装彰显别致之处。

（三）针织物的脱散性

针织物具有脱散性，因为针织物结构的基本单元是线圈，一个线圈的断裂会造成一连串线圈的脱散。这原本是针织物的劣势，但日本服装设计师川久保玲在 1982 年巴黎时装发布会上，恰恰运用针织物的这一特性进行设计上的特别处理，在针织衫上故意做出大大小小的破洞而以针织破烂装一举成名。

（四）针织物的组织肌理变化

针织物的组织肌理变化是针织服装系列设计不可忽视的一大优势。针织物不同的组织变化可以产生迥然不同的肌理效果，例如柔软细腻、厚实粗犷、平整光洁、凹凸立体的多种感官体验。将组织肌理的特点有效加以运用，既可以增加设计的趣味性，也可以产生雕塑般的艺术美感。随着电脑横机的发展，可以开发出变化更加丰富、更加新颖的组织肌理效果，不断拓展针织设计的空间。

图 6-2-3 发挥绒线、花式纱线的针织特色进行系列的呼应和衔接（汉娜・丽贝卡・布朗设计）

三、运用色彩与图案进行系列设计

（一）色彩的呼应

色彩系列设计法是指运用色彩的属性和冷暖关系进行多样性变化和整体统一的协调方法。例如，先确定系列服装的主色调，然后可利用色彩的色相、明度、纯度的变化，通过渐变、穿插的呼应手法，使得系列服装的色彩既富于变化又能达到整体的统一。（图6-2-4）

图 6-2-4 粉色调贯穿整个针织系列，使其相互呼应成为一个整体（Gisel Ko 设计）

（二）图案的多样性变化和整体感统一

图案系列设计法是指以图案作为主体设计元素，通过图案的变化来进行系列的延续发展。图案的设计既可具象，也可抽象成几何图案；既可设计成循环图案，也可以是单独图案成为整件服装的点睛之笔。例如，圣诞主题图案在西方每年冬季的针织衫上都会出现，其构成元素主要有圣诞老人、圣诞树、驯鹿、圣诞帽、长筒袜、雪花、雪人等，这些元素都非常经典，在一件服装中既可设计成一个独立图案也可加以组合，每年都可以通过设计的变化和元素的不同配置使其图案不断翻新、不断延续。（图 6-2-5）

经典的传统图案是历史沉淀下来的人们对美的纹样和构成元素的认可，通常具有特定的主题或背景氛围，具有怀旧情结，但有时也会让人觉得乏味。因此，图案设计需要考虑时代的发展不断创新，例如与街头文化的融合、先锋艺术的呼应以及各种充满想象力的创意构思，使得图案设计不仅兼具美感和时尚性，还使得时代的思想内涵得以彰显。

图 6-2-6 为在设计中综合运用针织物特性与色彩、图案等进行的系列设计。

图 6-2-5 圣诞主题图案的构成元素可以通过设计的变化和组合不断延续展开

图 6-2-6 采用粗线编织并通过运用提花组织和毛圈组织来凸显色彩、图案和廓形感（Rachel Choi 设计）

第三节 创意针织时装系列设计

创意设计作品通常具有新奇的外观而易于吸引观众的注意，但创意设计的真正意义远不在此。作为服装设计师，首先应正确地解读创意设计的内涵，才能充分发挥出创意设计的潜在价值。

一、创意服装设计与成衣设计之间的关系

创意，顾名思义即创造性的想法、构思。当面对服装创意设计和成衣设计的概念时，常常令初学者感到困惑的是，到底服装创意设计与成衣设计之间的区别和联系是什么?

通过一个简单的比喻可以很好地理解服装创意设计与成衣设计二者之间的关系。服装创意设计与成衣设计就好比酒和饭都来自于粮食，但前者更加提炼、纯度更高，因此更加浓烈刺激，更能令人沉醉，甚至回味无穷，后者相对而言虽然比较平淡，但却不可缺少，为人们每天一日三餐所需。人们常常喜欢用美酒佳肴来形容一桌丰盛的宴席，因此，二者既各有千秋、不可替代，同时它们之间又并不矛盾冲突，而是一种相辅相成、相得益彰的关系。

创意设计由于较少受到顾客喜好、销售业绩等外界条件的制约，因此更能全面地表达设计师的个人意念。需要注意的是，创意设计不能脱离于时代背景而孤立地去理解和创作。好的创意设计需要植根于生活，应该是有感而发，才有可能触动观众，产生共鸣。尤其是服装不同于纯艺术创作，是以人体的结构为基础进行设计，因此，最终能否转化为具有实穿性的成衣也是检验服装创意是否具有可行性的一个重要标准。

二、创意针织时装设计及特点

针织创意时装设计，是指具有创造性的想法和时代感的针织服装设计。针织创意时装设计的意义在于能否引导针织服装的时代进步以及行业和社会的发展，这是判断针织服装创意作品好坏的基本标准。

针织创意时装设计的特点主要具有创新性、实验

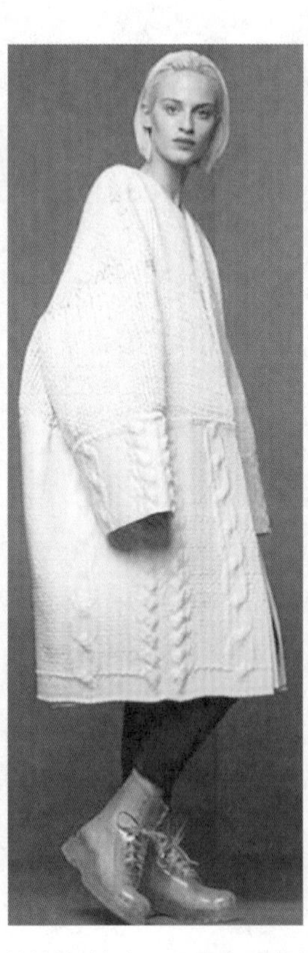
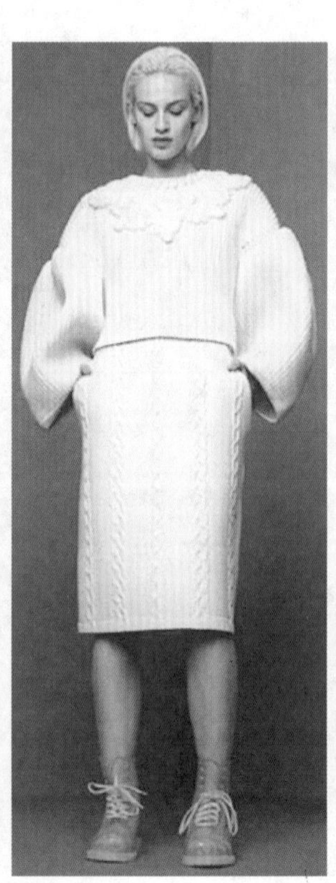
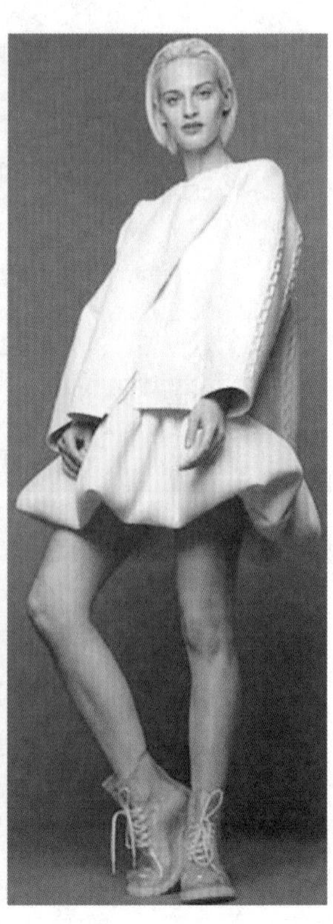

图 6-3-1 将传统针织与浸硅树脂新材料相结合，既具有硬朗的建筑廓形感，同时又呈现出蓬松漂浮的轻盈质感，以简洁的设计手法将创新性、实穿性和时尚感充分融合，具有强烈的视觉冲击力（李筱设计）

性和导向性。

（一）创新性

创新性是针织创意时装设计的首要特点。创意设计需要具有前瞻性，敢于打破固有的思维模式，超越现有的服装观念或服装形态，提出具有创造性的设计理念或具体的设计实施方案。（图 6-3-1 ）

然而创意设计并不意味着一定要无中生有、完完全全地创新。创意设计常常是在已有事物或前人工作的基础上进行改进。对于服装而言更是如此，常常是在借鉴古代历史服装或当代服装的基础上融入新的想法或运用新的技术而进行完善和更新。

创意设计也不意味着要哗众取宠，如果缺少内涵思想而一味追求外在噱头，这种创意也只能是昙花一现，并不有益于服装的积极发展。

（二）实验性

将一个创意想法付诸实践直至完成设计成品，常常要经过多次实验，而这件成品是否具有推广的可行性又需要经过现实的检验才能得以确定。因此，服装创意设计具有实验性、探索性的特点，即这种实验既有成功的可能性也有失败的风险性，但是不论成功或失败，都可以通过积累设计经验而使得后面的设计更加完善。（图 6-3-2）

（三）导向性

服装创意设计的意义在于其价值能否最终得以实现。即或者能够得以推广转化为具有实穿性的服装而为人们所用，创造出有形的物质价值；或者可以引导人们的思维方向继续发展寻求对未知问题的突破，有益于服装的积极进步，创造出无形的精神价值。因此，好的服装创意设计能够引导流行趋势的发展方向，甚至人们服装观念的转变，例如人们对服装的审美标准、服装穿着方式的转变等。

三、针织服装设计理念的创新和系列延展

在传统观念中，针织服装最初是作为卫生、保暖的用途穿在服装的里面，并不示众，所以很长时间以来，针织服装的发展要落后于梭织服装的发展。

20 世纪 20 年代，夏奈尔率先将针织衫引入时尚舞台，夏奈尔身先士卒地穿上针织套头衫出现在公众的视线中。这实际上是最早的内衣外穿理念的实践，在人们感到震惊之余，也掀起了大众的模仿热潮和对针织服装的兴趣，自然也推动了针织服装的时尚化发展。随后，夏奈尔又推出了具有代表性的针织两件套，从此，针织衫开始成为时尚舞台的中坚力量。（图 6-3-3）

图 6-3-2 “地壳 / 材料的规则”主题系列，地壳的运动、张力和构成地壳物质之间的作用是该主题设计的灵感，设计师通过运用创新的针织手法对新的形式、新的廓形和新的服装制作方法进行实验。例如，运用层叠法以及将针织与其他材料相结合进行探索（Matilda Norberg 设计）

图 6-3-3 左图，1929 年夏奈尔身穿条纹图案的平针针织套头衫；右图，夏奈尔经典的针织两件套和条纹套头衫

夏奈尔套装，不论是梭织套装还是针织两件套，都已经发展成为其品牌的经典款式，并常常被市场所仿效。其无领、对襟、镶边的特色使夏奈尔套装别具一格，并通过色彩、图案、材料、结构、装饰等方面的变化不断更新和延续，呈现出新的时代风貌和审美观念。（图 6-3-4）

针织服装设计理念的创新常常在吸收姊妹艺术中融合发展。例如，源于建筑的解构风格对梭织服装和针织服装都产生了重要的影响。川久保玲将解构理念在针织服装上进行探索和实践，打破了针织服装常规的设计思路，从不同的视角丰富了针织服装的另样审美，使针织服装呈现出更加多元化的风格。（图 6-3-5、图 6-3-6）

图 6-3-4 夏奈尔 2015 年春夏针织开衫两件套系列

图 6-3-5 川久保玲 1983 年秋冬系列，将解构理念运用到针织服装设计

图 6-3-6 川久保玲 2014 年秋冬系列，通过拼接、缠绕等设计手法，强调空间感，探索针织再造的肌理变化，将解构理念不断在服装上进行实验和突破

在针织服装从内衣走向外衣的过程中，常常由于其自身柔软舒适、不易塑形的性能特点而只能作为休闲服装穿着，因此长久以来，在人们传统的思维观念中难以步入重要场合。而向来以敢于挑战世俗惯例的薇薇安・韦斯特伍德打破了这一思维惯性，将针织服装纳入了礼服的设计范畴，推动了针织服装的高档化发展。（图 6-3-7）

图 6-3-7 20 世纪 90 年代，薇薇安・韦斯特伍德打破了传统的针织装设计思路，将复古与前卫的设计理念融合到针织服装设计中。例如，大胆采用垫臀处理、充满奢华复古感的针织服装也可以像梭织服装一样步入高级时装的大雅之堂，推动了针织服装的高档化发展

理念的创新常常是抽象的、令人难以琢磨的，因此也常常让初学者觉得高不可及。但正如人的想象力可以天马行空、无边无际一样，针织服装在理念的创新方面也将是永无止境。设计者既要擅于从传统中汲取养分、经验和灵感，也要保持独立的思考，敢于打破传统的羁绊，在传承、融合中纳入创新，为针织服装赋予更丰富的思想、文化和艺术价值，使针织服装设计不断有动力向前发展。（图 6-3-8）

图 6-3-8 作品受超现实主义的影响，在大廓形的针织衫上运用大胆的对比色块和充满趣味性、抽象化的人物及动植物图案，具有强烈的视觉冲击力和艺术美感（杜旸设计）

图 6-3-9 该针织系列采用夸张的设计手法并运用全白色调突出造型的空间体积感，在廓形的塑造方面依附人体进行变化和延续，追求硬朗廓形与柔软蓬松质感的对比（陈劭彦设计）

四、针织服装设计元素的创新和系列延伸

引发针织服装创意的因素多种多样，设计者既可以从设计三要素的基础开始研习，也可以从材料、结构、工艺的改进以及新科技的应用方面进行尝试，还可以从文化、艺术流派的融合与跨界等其他角度切入以寻求新的突破。（图 6-3-9）

（一）造型的创新和系列延伸

针织服装造型受人体结构的形态、活动功能等因素制约，其中最基本的就是人体的形态。因此，影响针织服装廓形变化的主要部位包括了领部、肩部和袖部，衣身三围（胸、腰、臀）和底摆围度的尺寸，以及衣长和袖长等长度的变化。这些因素的变化和组合能形成无穷无尽的系列延伸。

1. 领部、肩部和袖部的变化

领部、肩部和袖部是塑造针织服装整体轮廓造型和支撑针织服装重量的重要部位。由于针织的柔软性特点，传统针织服装在肩部的处理上以自然的肩形为主，所以针织服装也多给人以自然、休闲、随意的感觉。随着针织服装走入时尚舞台，针织服装款式变化越来越加以丰富。例如，可以像梭织服装一样在领部进行夸张处理，在肩部和袖部强调宽肩、耸肩以及灯笼袖、羊腿袖的轮廓，或者其他奇异的造型，使得领部、肩部和袖部在设计上也可以打破常规成为针织服装造型设计的重点。（图 6-3-10）

图 6-3-10 亚历山大・麦昆 1999 年和 2000 年秋冬系列，在领部、肩部和袖部强调针织的肌理感和空间体积感

图 6-3-11 以夸张膨起的青果领、灯笼袖以及 X 造型为特点贯穿整个系列，运用粗线编织，既凸显出针织所特有的肌理感，同时又具有鲜明的廓形特征（比布鲁斯品牌设计）

2. 衣身三围和底摆的围度变化

三围指的是人体及服装的胸围、腰围、臀围尺寸。在针织服装造型设计中，因为针织本身具有较好的弹性，所以对服装的三围尺寸要求不像梭织服装那样精确，但是三围尺寸的变化仍然对服装造型的合体和宽松效果有着很大的影响。例如，三围尺寸和底摆放松量的变化会直接影响到从合体造型到 X 形、H 形、O 形、A 形的廓形变化，而腰节线位置的设计变化也会直接影响到是正常腰线位置，还是高腰、低腰的不同廓形效果。（图 6-3-11）

3. 衣长、袖长等长度的变化

即使对于同一类型的款式，服装的衣长、袖长等长度也不是一层不变的，其变化主要受流行趋势、消费者年龄等条件的制约。因此，即使是同一风格类型的款式，也可以延伸出超短款、短款、适中长度、中长款、长款的多种变化，使得系列中的款式既有统一性又有丰富的变化效果。（图 6-3-12）

图 6-3-12 以白色调来统一整个系列，充分发挥针织组织变化的特性，强调雕塑般的肌理感，在服装款式变化延伸和配饰品搭配方面展示出娴熟的设计技巧（杜嘉班纳品牌设计）

图 6-3-13 通过层叠、编结、缠绕等设计手法寻求空间造型和肌理质感方面的创新，既具有较强的统一性使系列得以不断延伸，同时每款之间又具有各自的独立性（桑德拉·巴克伦德设计）

（二）通过材料再造进行系列延伸

服装材料是设计的载体，因此其重要性不言而喻，但是从市场上所买到的材料常常趋于同质化或具有一定的相似性而流于平常。在针织服装设计中，通过纱线、组织的不同变化和组合，以及将梭织服装的设计手法借鉴到针织服装中进行材料再造和肌理创新，例如，拼接、缠绕、打结、层叠、褶皱、抽缩、刺绣等设计手法的运用，可以在系列设计中创造出丰富的肌理效果，使款式变化不断得以延续和发展。（图 6-3-13）

（三）通过色彩搭配和图案设计进行系列延伸

不论是古代还是现代，色彩在服饰审美中都扮演着举足轻重的地位。在服装设计三要素中，色彩是最容易被视线所捕捉到的要素，尤其是高明度、高纯度的色彩搭配因为具有强烈的视觉冲击力而在 T 台秀场中时常出现。

在梭织服装设计中，通常一套服装的色彩运用不会超过三种，而在针织服装中却具有较大的灵活性。设计者可以根据个人的审美喜好进行搭配和调整，充分发挥针织装设计中色彩搭配和图案设计的优势。撞色运用与大胆醒目的图案设计是近几年来流行的设计手法，在系列设计中应注意色彩、图案的彼此呼应，以使整体上具有统一感。（图 6-3-14）

图 6-3-14 作品灵感来源于毕加索立体派绘画，运用对比强烈的大色块和几何图案，并将反恐讯息与抽象的艺术想象力相融合，具有强烈的视觉冲击力（华特·凡·贝伦东克品牌设计）

Chapter 7

第七章 国际针织服装设计师品牌解析

学习重点

※ 国际针织服装设计师品牌风格特色

※ 国际针织服装设计师品牌设计手法

限于篇幅，这里只介绍了六个国际知名的针织服装设计师品牌，既有历史悠久的，也有新锐的。虽然其中有些品牌的产品线也会涉及到梭织面料的服装，但是从根本上而言，它们都是以设计具有创新思想的针织服装而闻名于世。有很多其他国际知名服装品牌在每一季的时装发布中也会包含针织服装，但它们并不是以针织服装而著称，因此在这里没有被选入。

第一节 米索尼品牌（Missoni）

意大利设计师奥塔维奥·泰·米索尼（Ottavio Tai Missoni）是创建针织服装设计师品牌的先行者，一生致力于针织服装设计的创新，使从前在庄重场合不能登入大雅之堂的针织服装如今可以与梭织服装并驾齐驱，开始在国际一线服装品牌中占有一席之地。米索尼堪称是针织时装世界的永恒，季复一季地推出色彩丰富、令人激动的针织时装奢侈品，这些设计不仅富有创新思想而且实用耐穿。

（一）米索尼品牌背景

1953年，米索尼和妻子罗莎塔·杰米尼(Rosita Jelmini)婚后在意大利北部城市瓦雷泽共同创建了该品牌公司。奥塔维奥·米索尼出生于1921年，曾是一位田径明星，并代表意大利参加过1948年的伦敦奥运会。他利用运动的专业知识设计生产针织运动服并被意大利运动队所采用。罗莎塔·杰米尼的经验则来自于家族生产有刺绣装饰的优雅披肩和时尚长袍的业务。他们对针织装和女装所掌握的知识成为了品牌创建的一个非常好的起点。随着业务的扩张，他们的三个孩子维托里奥、卢卡和安吉拉也积极地加入进来管理家族的品牌。这种公司内部强大的家族联系支撑着品牌强劲而持久的发展方向。（图7-1-1）

（二）米索尼品牌设计风格特色

由于米索尼品牌设计风格独特，因此它是时装界最易于识别的品牌之一。大胆的几何图案和图形印花使其具有鲜明的特色。在设计中，米索尼常常喜欢运用段染技术在染缸中浸泡纱线以创造随机的色彩效果。当编织花型图案时，尤其是与其他纱线相结合时，这种段染的纱线在服装上能够产生万花筒般的色彩效果。每一季经典的样式经过纱线和色彩的重新组合而进行改进后再次被推出。

条纹是针织服装中的经典元素。由于米索尼出身于运动员，其早期拥有的机器是用来制作运动服装的，只能生产单一色调或条纹的针织服装。出于这个原因，米索尼逐渐将自己的设计理念融入其中，进而将条纹不断扩展。例如，对角线、水平线、垂直线等线条的形式，以及各种宽窄变化、疏密相间的圆点、格纹、斜条纹、人字纹、电波纹、锯齿状图案，还有其他各种几何图形，这些让针织衫看起来就像人体上的一幅

图7-1-1 米索尼家族针织品牌

色彩构成绘画。米索尼将针织与艺术完美结合，把针织服装提升到了艺术境界，为针织服装赋予了更多的设计感和艺术气息，与传统意义上的针织服装明显区别开来，也使得“色彩＋条纹＋图案”成为米索尼的标志性风格。

作为米索尼设计的接班人，创意总监安吉拉·米索尼将品牌风格发扬得更加细腻、时尚，在保持该品牌风格基础上，为米索尼增添了诸如花朵、水果、蝴蝶、钻石菱形等更为丰富的图案而不断为其注入新鲜的时代感，继续引领针织服装发展潮流。

米索尼针织装包括了女装、男装以及童装，其产品线几乎涵盖了服装的所有类别，甚至包括泳装、礼服等传统针织装难以涉及到的领域。所采用的纱线亦种类繁多，编织的针织装既可以薄如蝉翼，具有轻盈透明的质感，挑战针织装季节的局限，也有传统针织装温暖厚实的类型，因此可以满足消费者一年四季的穿衣需求。

米索尼也将其美学理念应用到室内装饰家居系列，以及延伸到分别位于爱丁堡和科威特的米索尼酒店。源于罗莎塔·杰米尼的创意视角，酒店的设计和装饰就像其服装风格一样，用色大胆且丰富，充满视觉的冲击力。

（三）米索尼品牌设计手法解析

色彩是米索尼品牌在进行每一季系列设计时首要考虑的问题，并且总是从创造具有自我特色的“调色板”色调来开始着手设计，所创造的色彩效果“以个性化的动感为主，动静结合相宜”，各个部件和细节设计相互联系、相互补充，使得整体效果和谐统一。

米索尼品牌在处理色彩方面主要通过三种模式：一是主要采用中纯度色彩搭配，二是使用黑白灰无彩色相间，三是注重对节奏与韵律的把握。这种设计手法的运用，使得米索尼品牌在针织服装色彩搭配方面，既丰富多变又张弛有度，能够获得和谐的视觉效果，从而受到人们的长久喜爱。（图 7-1-2、图 7-1-2）

图 7-1-2 米索尼品牌于伦敦时装纺织品博物馆举办的“色彩艺术”60 年作品回顾展

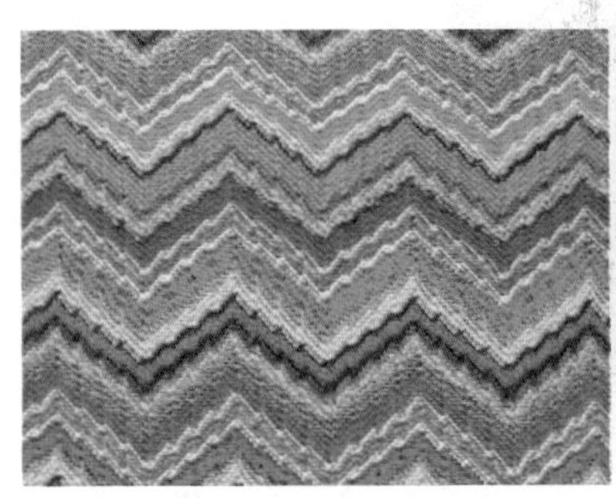

图 7-1-3 米索尼品牌的色彩搭配给人以艺术的美感享受

第二节 索尼娅·瑞吉尔品牌（Sonia Rykiel）

法国设计师品牌索尼娅·瑞吉尔以针织装而著称。索尼娅·瑞吉尔作为该品牌的创始人享有“针织女王”的美誉。她的设计、色彩和图案搭配都带有鲜明的法国风范。

（一）索尼娅·瑞吉尔品牌背景

1953年，索尼娅·佛利斯嫁给山姆·瑞吉尔。山姆·瑞吉尔在法国巴黎拥有一家名为 “劳拉”（Laura）的时装店。1962年，索尼娅怀孕时由于找不到任何适合的衣服穿，于是设计了她的第一款“穷男孩”（poor boy）针织衫，并放到丈夫的时装店里出售。索尼娅并未想到这将是她日后巨大成功的开始。这种简单、舒适的服装立刻被抢购一空，并且登上了世界知名的时装杂志《ELLE》封面。从那时起，索尼娅由于她所设计的针织衫而一举成名。索尼娅继续为她丈夫的时装店进行设计，并于1968年开设了自己的时装店。索尼娅的女装系列迅速成为知名品牌并延伸到童装、香水和家居用品，并且在世界各地开设了时装店。

2007年，索尼娅的女儿娜塔莉·瑞吉尔（Nathalie Rykiel）成为索尼娅·瑞吉尔品牌的总裁。2009年，索尼娅·瑞吉尔品牌与快时尚品牌H&M合作，为其设计推出冬季内衣系列；2010年，与H&M再度合作推出具有标志性的春季针织装系列。2012年，香港利丰集团收购索尼娅·瑞吉尔品牌的80%股份，并宣布了新的艺术总监杰拉尔多·达·孔塞桑（Geraldo da Conceicao），之后由朱莉·德利班（Julie de Libran）接任。

（二）索尼娅·瑞吉尔品牌设计风格特色

索尼娅·瑞吉尔品牌仍然是针织装品牌的典范，其针织装不仅具有舒适性而且非常时尚。索尼娅·瑞吉尔品牌的针织装设计中常常通过使用容易产生视错觉的图案形式的衣领、口袋和蝴蝶结来表现出一种趣味感，这也许是源于1927年法国设计师艾尔莎·夏帕瑞丽极具标志性的带有衣领图案的套头针织衫的影响。索尼娅·瑞吉尔品牌的针织装用色倾向于柔美的色调，尤其是以彩色的粗条纹和具有趣味性的图案为特色，充满了优雅浪漫的都市气息和洋溢着自由欢乐的情绪。（图7-2-1）

图7-2-1 条纹是索尼娅·瑞吉尔品牌针织装设计特色之一

虽然之前索尼娅·瑞吉尔并没有时装设计的背景，但是她的天赋在服装设计中得到了畅快淋漓的发挥，并且颇有一种我行我素的精神。例如，她大胆地打破传统，把服装的接缝及锁边裸露在外，去掉了女装的里子，甚至于不处理裙子的下摆，这些做法虽然在今天已经被人们习以为常，但是在以往的高级时装中却是不可想象的事情。

索尼娅本身对时装的品位和喜好代表了一个巨大的女性消费群体，她对时装独特的理解在全世界的女性中赢得了广泛的共鸣，她所创造的那种融合女性化特质、兼具舒适和性感的时装恰恰迎合了大都市女性对时尚的追求，并将这种潜质充分挖掘。她给了顾客更多的选择机会。“我喜欢观察女士们在专卖店里如何搭配我的设计——一个女人必须自己打扮自己，而不是被我打扮。我从不命令她们，我更喜欢让她们自己选择。这对我、对她们都更有趣。”“风格，它来自于你内心深处的灵魂，但并不是每个人都能拥有它。”个人特质是索尼娅在设计服装时认为最重要的一部分，所以，她总是希望能让穿着者能从每季的服装中探究到搭配的技巧，并陶醉在穿衣的乐趣中。

索尼娅特立独行的性格在其服装设计中得以充分

展现，她并不盲从所谓的潮流。追溯这位“针织女王”在 20 世纪 70 年代设计她的第一件贴身的毛衣时，她说：“我记得当时所有的人都不赞同我的想法，但我还是做了，因为我觉得这样的毛衣穿在女人身上会使他们更美丽。”结果这个直觉的坚持，不但让索尼娅创造了无数洋溢着大都市时尚性感、强调自由搭配的服装，同时也让索尼亚品牌的风格更加独树一帜，既优雅浪漫又兼具性感妩媚，充满了女性气息。

（三）索尼娅·瑞吉尔品牌设计手法解析

不论是针织装品牌还是其他服装品牌，一个品牌之所以能够发展成为名牌，不仅要有风格特色，而且还要找到顾客的“痛点”，直击消费者的内心深处。索尼娅作为一名既需要满足自身穿着需求的顾客以及身处巴黎的女性设计师的双重角色，以亲身经历充分了解和把握大都市女性的穿着需求，并将设计师和消费者之间对服装设计的要求恰到好处地进行平衡。

索尼娅的设计灵感来源于绘画、雕塑、建筑等不同的领域，这些都可以从她设计的服装中看到所受的影响，甚至任何人们未曾注意的小物件都可能激发灵感的产生，并将其转化为可以穿着的时装。在确定色彩之前，索尼娅会针对上百张的设计草稿反复尝试和比较不同的可能性，因此，索尼娅·瑞吉尔品牌的针织装既有设计感又不过分张扬，既时尚性感又得体大方，在设计中注重实穿性和可搭配性，易于为消费者所理解和接受，力求在创意和市场之间找到较好的平衡点。（图 7-2-2）

图 7-2-2 索尼娅·瑞吉尔品牌针织装设计

第三节 桑德拉·巴克伦德品牌（Sandra Backlund）

瑞典设计师品牌桑德拉·巴克伦德以其手工制作的极具艺术性和雕塑感的针织服装而闻名世界，其作品本身具有鲜明的个人风格，给人留下深刻的印象，不仅具有强烈的标识性，而且其设计的创新可以引发人们更深层次的思考。

（一）桑德拉·巴克伦德品牌背景

桑德拉·巴克伦德出生于瑞典北部的一个小城市，后来搬到瑞典首都斯德哥尔摩学习时装设计。2004年，巴克伦德毕业并创建了自己的公司。从一开始，巴克伦德就选择了采用手工的方式为顾客进行量身定制，并亲自动手完成设计和制作的所有环节。

2007年，巴克伦德的设计作品参加法国南部的“耶尔国际时装节”（Hyères festival），并荣获时装节最高奖 The Ink Blot Test，这成为她进入国际级时尚圈的敲门砖。巴克伦德的2009年秋冬作品发布成为她设计生涯的一个重要转折点。她被介绍给意大利的顶级针织装工厂 Maglificio Miles，并与之合作。巴克伦德想生产一些既源于她手工作品系列，但又不需要花费很多人工的针织装款式。这对于巴克伦德而言是迈出了一大步。巴克伦德开始思考如何能使自己的设计被小批量生产。从工作室单枪匹马地进行设计和编织制作，到现在成为针织服装领域一个专家团队的成员，巴克伦德被她所看到的各种可能性所折服，这是巴克伦德以前从未经历过的。虽然巴克伦德仍将继续创造个人品牌的手工针织服装，但是她现在看到了研发作品的新路径，这曾经是她以前认为是难以实现的。

（二）桑德拉·巴克伦德品牌设计风格特色

巴克伦德设计风格独树一帜，专注于手工制作的针织服装，甚至一件作品会花费300工时，因此巴克伦德的作品几乎都是仅此一件。这不仅是由于工艺的复杂性，而且在其即兴创作过程中设计师的思想和内心感受所形成的外在表现同样难以复制。这在快时尚大行其道，工业化社会追求批量生产且注重实穿性的服装业实属另类。巴克伦德追求具有永恒美感的服装，在设计时并不受流行趋势、季节性、实穿性以及别人意见的干扰，在服装创作时更多的是享受自我满足的愉悦，属于逆流而上、地地道道的“慢时尚”。

巴克伦德的针织装偏于概念性设计，突破了传统针织服装的松软随意的外形特点和设计局限，以超前的设计思维不断探索各种结构造型的可能性，并且她亲自动手进行实践，为针织装赋予了全新的思想内涵、大胆前卫的结构造型和丰富的肌理感受。这也是她与其他针织服装品牌截然不同之处，为针织服装创意设计开辟了另外一块天地。（图7-3-1）

图7-3-1 突出的廓形感和肌理效果是桑德拉·巴克伦德针织装设计的特色

（三）桑德拉·巴克伦德品牌设计手法解析

桑德拉·巴克伦德由于她的高度创新、雕塑般的造型优美的针织服装而影响了很多年轻一代的设计师。巴克伦德使用一种三维的拼接方法进行针织服装设计，即通过手工编织出来类似于“砖块”的一个个部件，然后将它们砌到一起，组合固定成一件服装。她的针织装总是像雕塑作品一样具有很强的廓形感，虽然它们看起来很像艺术品，但是实际上巴克伦德非常注重服装的合体性和后处理，并在这方面花费了大量的时间。当设计一件服装时，她从人的体型作为出发点，在人台上或是自己的身上即兴创作，以发现在头脑中难以想象出来的形状和造型，所以事实上，她的设计是在制作过程中逐渐完善和完成的。

巴克伦德不仅热爱艺术和手工艺，而且擅长于理论和数学思维，并且一直尝试着将这些看似矛盾对立的因素统一起来。所以，巴克伦德的设计既像一件件服装雕塑，具有很强的艺术性，又能从中看到严密的数学思维和秩序感。巴克伦德早期的针织服装主要采用羊毛等传统的天然原材料，以塑造具有蓬松感、厚实挺括的夸张造型，之后开始探索一些新的材料，例如利用头发等材料来表现特别的视觉效果。在设计手法上采用各种编结、针织、缠绕、扭转、镂空、褶皱、堆积等手工艺方法，使得服装表面呈现出极其明显的凹凸有致的肌理效果，具有强烈的视觉冲击力。（图7-3-2）

图 7-3-2 桑德拉·巴克伦德品牌针织装设计

第四节 “兄弟”和“姐妹”品牌（Sibling）

扎根于伦敦东区的英国设计师品牌“兄弟”和“姐妹”，以其幽默风趣、色彩明艳、图案诡异的设计以及融合了经典与前卫的针织男装而在时装界脱颖而出。“兄弟”是其男装品牌，随后推出的针织女装品牌“姐妹”(Sister by Sibling)同样引人注目。

（一）“兄弟”和“姐妹”品牌背景

英国设计师品牌“兄弟”是由希德·布莱恩(Sid Bryan)、乔·贝茨(Joe Bates)和柯塞特·麦克里里（Cozette McCreery）三位年轻设计师于2008年共同创建。创建起因于这三位好友觉察到在市场上为好男人设计的针织装存在着一个巨大的缺口。2010年，英国时装委员会认可了这个品牌并为其提供赞助。同样在2010年，该品牌与英国快速时尚品牌Topshop合作推出女装产品线“姐妹”(Sister by Sibling)。这条女装产品线的成功，促使三位设计师把“姐妹”作为一个正式的品牌纳入旗下。

布莱恩、贝茨和麦克里里这三位好友为品牌的发展各自做出不同的贡献。

布莱恩毕业于伦敦皇家艺术学院，主攻针织男装，开始时为亚历山大·麦昆(Alexander McQueen)、贝拉·佛洛伊德(Bella Freud)品牌做自由设计师，推出了具有标识性的厚实的手工编织的服装展品，此后也为朗雯(Lanvin)、贾尔斯(Giles)、约翰森·桑德斯(Jonathan Saunders)、贾斯珀·康兰(Jasper Conran)和芬迪(Fendi)众多国际知名设计师品牌提供设计。

贝茨曾为包括“身体地图”(Bodymap)、亚历山大·麦昆(Alexander McQueen)在内的不同的服装公司工作过，并曾在“耶格”(Jaeger)品牌担任设计主管将近三年。他一直在为“耶格”品牌和贾可·韦尔集团(Jacques Vert Group)的高端女装做顾问。

麦克里里曾为贾斯珀·康兰、贝拉·佛洛伊德、约翰·加利亚诺(John Galliano)和索兰·阿萨古里·帕特里奇(Solange Azagury Partridge)品牌做过设计助理、销售以及公共关系方面的工作。作为一名流行音乐主持人以及方方面面的社会活动组织者，麦克里里也与布莱恩和贝茨一起设计服装。麦克里里承认虽然自己不会编织，但是由于对当下文化的独特理解，从而对每个系列的影响是至关重要的。

（二）“兄弟”和“姐妹”品牌设计风格特色

针织男装品牌“兄弟”和女装品牌“姐妹”的风格特色是采用当下流行的设计手法和幽默诙谐的设计语言，将传统造型的针织服装呈现出现代的时髦感。其设计理念受音乐、艺术以及年轻部落和街头文化的影响较大，易于引起年轻人的共鸣，深受年轻时髦男士的追捧。

“兄弟”男装品牌为男士提供具有标识性的两件套，采用明亮的色彩和配套的图案。例如，一件传统的V领针织装经过重新设计后，织有大胆放肆的文字图案；像费尔岛传统提花图案的针织衫被重新演绎为骷髅头和其他图形图案；或者是撞色的紫红色和橘色的动物毛皮花纹图案。每件针织衫常常缝有各种闪片和饰物配件，在色彩和质感上跳脱出传统针织衫的局限，不仅大胆而且富有趣味性。（图7-4-1、图7-4-2）

图7-4-1 “兄弟”男装品牌针织两件套

图7-4-2 “兄弟”男装品牌2015年秋冬系列

每一季，“兄弟”和“姐妹”品牌或通过视频短片或通过高调造型的天桥展示，推出他们充满创意的新系列。对于“兄弟”和“姐妹”品牌而言，整场系列的外观风貌与每一件单独设计的漂亮服装都处于同等重要的地位。

（三）“兄弟”和“姐妹”品牌设计手法解析

“兄弟”和“姐妹”品牌由于是三人组合的设计师品牌，他们会将各自的想法和灵感相混合融入到设计的过程中，常常是开始于一个服装角色的塑造，然后将其延伸发展成为整个系列。

“姐妹”女装品牌的设计想法来源于“兄弟”男装品牌，它们既分享同样的设计想法，但也会有所不同，有些图案纹样可能会同样出现在两个系列中。不管是男装系列还是女装系列，他们通常会采用经典的针织装造型，但是通过色彩、图案和肌理的变化使其充满现代感。他们也会设计一些更极端的造型，尝试挑战针织装造型的极限。

在材质上，“兄弟”和“姐妹”品牌喜欢采用奢华的纱线以及舒适的天然纱线，有时也会选用新颖的合成纤维纱线和色彩表现力强的纱线，以达到特定的视觉效果。

“兄弟”和“姐妹”品牌既会采用劳动力密集型的传统手工艺编织方法，主要用于厚实的针织装设计，也会采用最新的针织机进行生产，这取决于纱线的特点以及每一季想要达到的效果。显然，运用先进的针织技术会加快生产效率，但有些技术只有通过手工编织才能达到预期的效果。

“兄弟”和“姐妹”品牌的设计手法可谓将传统的针织装进行改头换面、重新包装。这些针织装虽然色彩丰富、想法大胆，但同时又总是设计得实穿性很强。其服装富有幽默感和趣味性，同时又体现出一种当下思想的纠结，与这个时代的流行文化遥相呼应。（图 7-4-3）

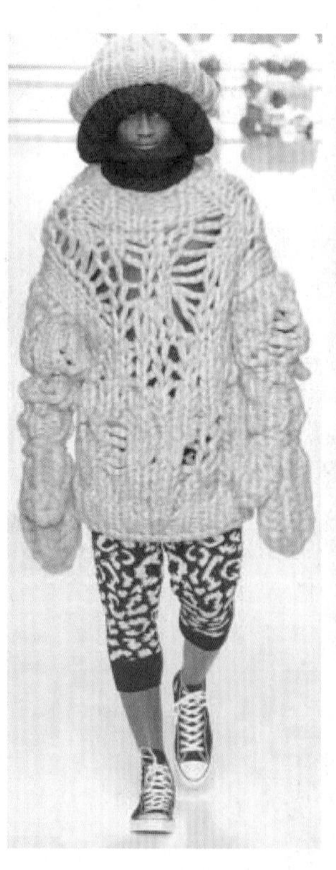

图 7-4-3 “兄弟”和“姐妹”品牌针织装设计

第五节 尼基·加布里埃尔品牌（Nikki Gabriel）

尼基·加布里埃尔是澳大利亚设计师品牌，其设计师目前居住于新西兰。尼基·加布里埃尔不仅开创了针织装的“建筑结构”理念，而且也是践行可持续性设计和道德设计理念的设计师典范。

（一）尼基·加布里埃尔品牌背景

2002 年，当尼基·加布里埃尔在澳大利亚墨尔本开始创建自己的品牌时，最初是专注于针织机的编织技巧、生产过程和织物方面的技术。如同很多其他设计师一样，她发现在创意和生产效率之间进行平衡是件困难的事情。现在她的服装几乎全是通过手工编织和后处理来完成。她的工作发展成为更像是艺术实践和过程驱动的工作室，里面有 20 件的系列设计及运行小规模的手工生产过程。（图 7-5-1）

（二）尼基·加布里埃尔品牌设计风格特色

尼基·加布里埃尔开创了针织装的“建筑结构”理念。当尼基·加布里埃尔调研家庭编织者的产品市场时，她认识到有一个巨大的对设计处于饥渴状态的群体被忽略了，并且市场上现有的手工产品大多是传统的怀旧风格。她想通过呈现一种易于编织的新的产品设计模式，来创造一些与当代文化相关联的针织服装。

尼基·加布里埃尔不断致力于拓展自己的“建筑结构”理念的产品设计，将 2009 年为家庭手工编织者开发的“DIY”（自己动手）的针织理念，与平面设计师和合作伙伴安东尼·切宾(Anthony Chiappin)进行联手。这种“建筑结构”理念是基于相互锁住的几何形状的基本设计法则，以图形的形式来呈现针织样式，以创造三维的服装结构。编织者可以选择在现有的结构上逐渐增加额外的形状，转换现有的服装变成一个新的服装样式。（图 7-5-2）

图 7-5-1 尼基·加布里埃尔品牌针织装设计

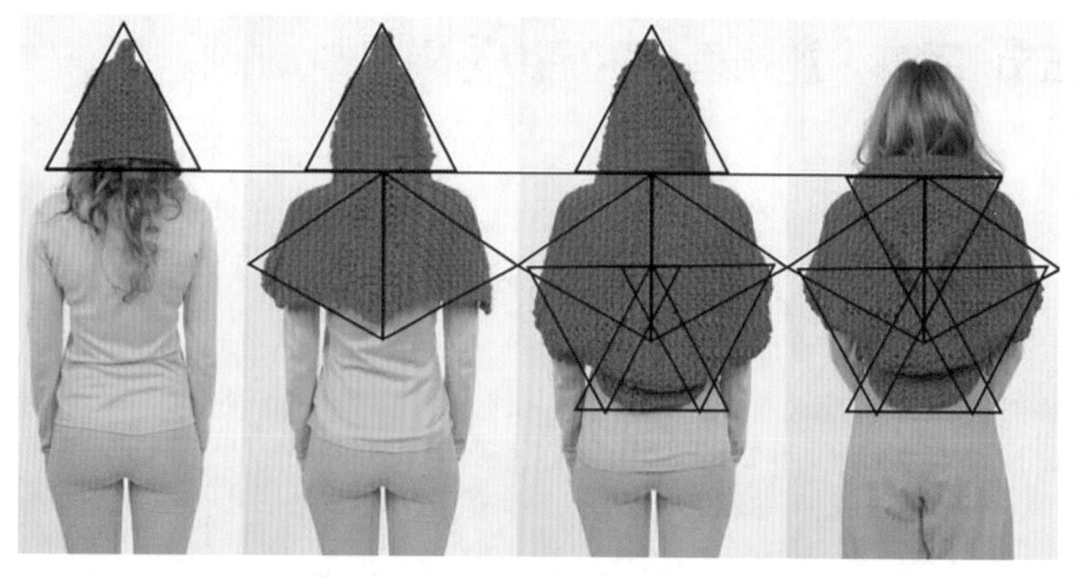

图 7-5-2 尼基 · 加布里埃尔基于“建筑结构”理念的针织装设计

尼基·加布里埃尔受澳大利亚国家纺纱机构委托，基于自己的“建筑结构”理念为他们的克莱克希顿（Cleckheaton）纱线系列设计样式，并在澳大利亚于 2013 年秋冬季开始推出。她是《手工编织者纱线指南》一书的作者，并不断拓展“建筑结构”理念新样式的设计工作。（图 7-5-3、图 7-5-4）

图 7-5-3 尼基 · 加布里埃尔为克莱克希顿纱线系列设计的 2013 年秋冬样式

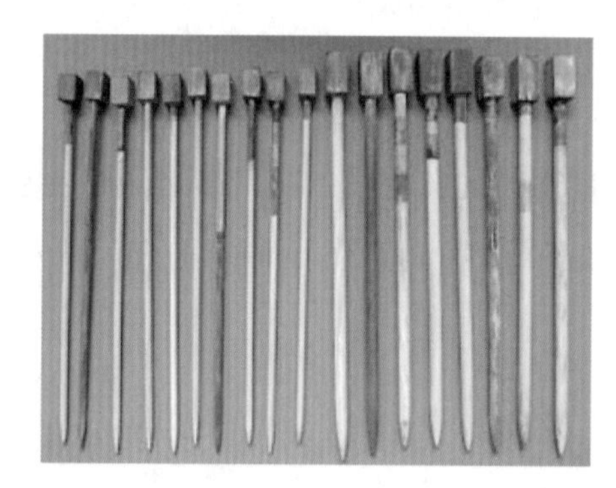

图 7-5-4 尼基 · 加布里埃尔专门为手工编织设计的织针就像艺术品一样美丽而别致

此外，尼基 · 加布里埃尔大力提倡低碳环保绿色设计理念，设计所采用的材料来源于本土回收再利用的羊毛、蚕丝、羊驼毛和山羊绒混纺的纱线，这些废旧纱线被回收后重新纺纱，并在加布里埃尔零售店的天然染料实验室进行手工染色，或者根本无需漂白和染色，利用其原有的色彩直接纺成彩虹纱线。（图 7-5-5）

在这个快节奏、追求批量化生产效率的工业化社会，尼基·加布里埃尔可谓反其道而行之，亲身践行“慢时尚”的设计原则，其设计风格自然放松随意，富有人文气息，不仅使传统手工编织的针织装充满现代感，而且使得众多普通家庭编织者同样可以分享到设计创造的愉悦。

图 7-5-5 尼基·加布里埃尔倡导低碳环保的慢时尚设计理念，设计所采用的材料来源于本土回收再利用的羊毛、蚕丝、羊驼毛和山羊绒混纺的纱线

（三）尼基·加布里埃尔品牌设计手法解析

尼基·加布里埃尔的"建筑结构"理念从结构的角度出发进行创新，通过几何图形的分解和组合，使得即使是手工编织初学者也可以通过亲自动手制作一些简单的概念性的时装样式来分享针织装设计的喜悦。这种"建筑结构"理念的针织服装样式是通过编织一个个特定的形状分阶段来完成，每个形状都是简单且易于操作，就像盖房子砌砖块一样，通过增加一个个模块将其发展成为一件新的针织服装。（图 7-5-6）

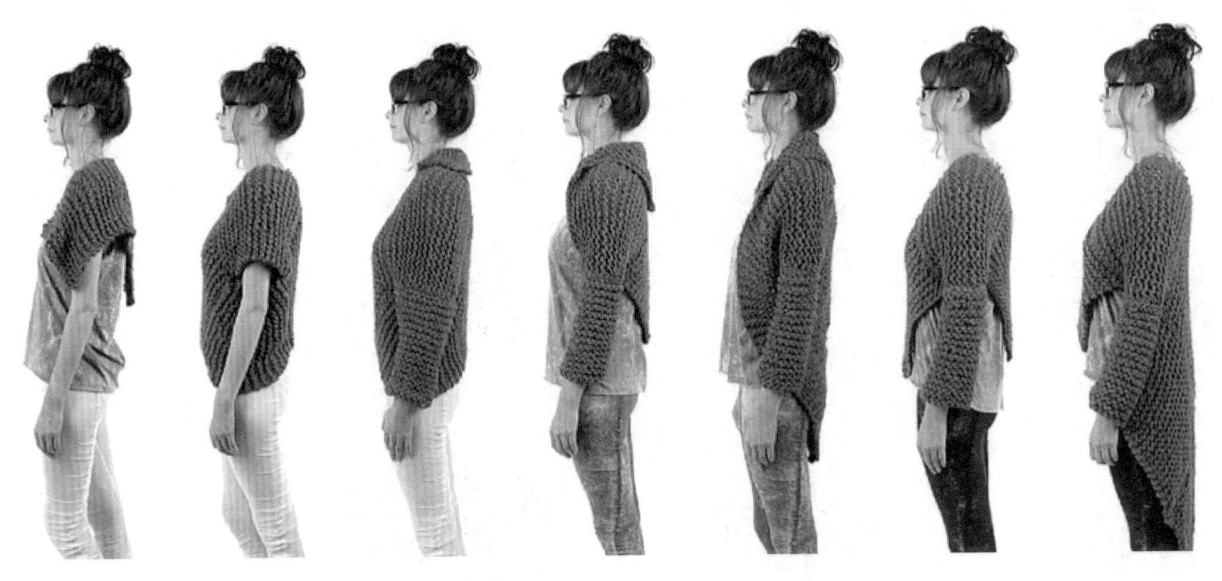

图 7-5-6 尼基·加布里埃尔的"建筑结构"方法

第六节 丹尼尔·保利洛品牌（Daniel Palillo）

丹尼尔·保利洛是芬兰设计师品牌，该品牌一经推出便迅速成为当下最受欢迎的潮牌之一。离经叛道、不畏冒险，完全专注于自己感觉的对错而不是被市场所左右，丹尼尔·保利洛的设计为独立于时装市场的酷时尚设定了新的标准。

（一）丹尼尔·保利洛品牌背景

设计师丹尼尔·保利洛的自身经历便与常人不同。他曾在时装学院就读，但是由于对学校教育不感兴趣而中途退学，并且从此不再追随时尚。他想要创造一些有自己特色、与众不同的设计，而不是时刻想着时装界所发生的变化。他甚至承认大约有七年的时间不曾买过一本时装杂志。

丹尼尔·保利洛说："我做的大部分设计被人们认为是时装，但是我所做的只是顺其自然，因为我感觉我需要做一些事情并且我想要表达自己，只不过其结果是以一种时装的形式表现出来。我自己并不认为它是时装，但是其他人却是将它作为时装来看待。"

丹尼尔·保利洛的首次亮相是在2008年春夏季时装发布会，一些时装商店开始订购他设计的服装，促使他从此一发不可收拾，并于2009年涉足三维服装领域。整体而言，保利洛是为前卫的时尚怪人和喜欢扮酷的孩子设计服装，而不是将眼光投向市场。他关注的焦点一直是在品味和体验上，而不是销售和收益，并且，没有什么事情比一名设计师可以严格地按照自己的想象力来进行创造而不受外界金钱、零售商和销售数字的干扰更鼓舞人心。丹尼尔·保利洛因其受连环漫画书中的角色和"90后"的怀旧情结所启发的设计，连同超大号服装廓形上他的签名标识，以及荒诞诡异的时装绘画，为他自己赢得了名声。丹尼尔·保利洛已经推出了更加令人兴奋不已的童装系列，同样延续了其酷味十足、荒诞不经的设计风格。（图7-6-1、图7-6-2）

图7-6-1 丹尼尔·保利洛品牌针织装设计

图 7-6-2 丹尼尔·保利洛受连环漫画书和“90 后”怀旧情结所启发的针织童装设计

（二）丹尼尔·保利洛品牌设计风格特色

丹尼尔·保利洛充满想象力的创意设计别具一格，虽然游走于时尚之外，却被时尚前沿的年轻人奉为最受欢迎的潮牌之一。超大号的服装廓形、如梦魇般夸张怪诞而又颇具趣味性的绘画图案，令人过目难忘，并已经成为该品牌的符号标识。（图 7-6-3）

保利洛设计的服装与其大面积的时装绘画图案密不可分。他的时装绘画不仅构思大胆、无拘无束、具有浓烈的艺术气息和视觉震撼力，而且他的服装融入了街头流行文化，极具个性化的张力，因此深受当下追求自我表现、求新求异的年轻人的追捧和喜爱。

图 7-6-3 丹尼尔·保利洛品牌针织装充满了大胆的想象力和新奇的创意

（三）丹尼尔·保利洛品牌设计手法解析

丹尼尔·保利洛的针织装设计主要是中性化的平针织物的套头衫，每季大约发布 150 ~ 200 款。这些服装造型大胆，上面有醒目的充满想象力的卡通图案。采用针织面料制作的针织装，采用先裁剪后缝合的方法，所有的图案形象经过剪裁嵌入到服装上。这是一种对技能要求很高且费力的加工过程，甚至有的款式上有100个零部件需要缝合。由于这些服装没有衬里，因此复杂的手工艺和结构清楚可见。

丹尼尔·保利洛的设计过程主要分为三个步骤：首先通过手绘将设计想法表现出来，然后由其他人根据手绘作品转化成计算机绘制的图形图案，接着工厂开始制作服装。在这些步骤进展过程中会发生变化，但是这些变化总是会创造出意想不到的更好的设计效果。（图 7-6-4）

图 7-6-4 丹尼尔·保利洛品牌针织装，不仅具有大胆的创意，而且常常在工艺上也具有挑战性

参考文献

[1] Jenny Udale. FASHION KNITWEAR. London: Laurence King Publishing, 2014.

[2] 王勇 . 针织服装设计 . 上海：东华大学出版社 , 2009.

[3] Prada SS14 Womenswear Show. http://www.prada.com/en/collections/fashion-show/archive/woman-ss-2014.html.

[4] Sarah Karmali. Jean Paul Gaultier Exhibition Comes To London. http://www.vogue.co.uk/news/2013/03/06/jean-paul-gaultier-exhibition-london---barbican-madonna-conical-corset.

[5] Leanne Bayley. How you can watch the Victoria' s Secret Fashion Show. http://www.glamourmagazine.co.uk/news/fashion/2014/04/15/victorias-secret-fashion-show-2014-london.

[6] Agent Provocateur SS2014. http://exclusivelyselectedlingerie.tumblr.com/post/74179528365/agent-provocateur-ss2014-gloria-basque.

[7] APOC designs. https://uk.pinterest.com/pin/427490189600589027/.

[8] Jumper. http://collections.vam.ac.uk/item/073390/jumper-kawakubo-rei/.

[9] Comme des Garçons 2014-2015 Fall Winter Womens Runway. http://www.denimjeansobserver.com/mag/2014/03/01/comme-des-garcons-2014-2015-fall-autumn-winter-paris-pret-a-porter-fashion-womens-runway-pinstripe-chunky-knits-wrap-tie-up-weave-octopus-entangled-puffy/.

[10] Alexander Mcqueen Fall Winter 2000/01. https://uk.pinterest.com/pin/71565081550301887/.

[11] Christmas style. http://cornwall-living.co.uk/cornwall-living-40/a-combined-celebration-in-truro/

[12] McDonald' s Meets Moschino at Milan Fashion Week. http://newsfeed.time.com/2014/02/21/moschino-mcdonalds-milan-fashion-week-jeremy-scott/

[13] Stripes and zigzags: fashion brand Missoni' s links to modern art. http://www.theguardian.com/fashion/2016/may/01/missoni-stripes-zigzags-modern-art-fashion-textile-museum-london

[14] Sonia Rykiel Fall Winter 2010. http://searchingforstyle.com/2010/03/sonia-rykiel-fall-winter-2010/.

[15] D&G Fall 2006 Ready-to-Wear Collection. http://fluidmotion.blogspot.co.uk/2006/02/knitting-dg-fall-2006-ready-to-wear.html.

[16] Sandra Backlund: She' s a Knockout in Knitwear. https://textileartscenter.wordpress.com/tag/knit-art/

[17] Sibling-knitwear. https://mensrag.wordpress.com/tag/sibling-knitwear/.

[18] Inspired: Nikki Gabriel Knitwear Designer. https://sweetleighsewn.wordpress.com/2012/12/03/inspired-nikki-gabriel-knitwear-designer/

[19] Daniel Palillo: Paintings About The Fashion World. http://www.coolhunting.com/style/daniel-palillo-paintings-about-the- fashion-world-ss15

[20] Allude Ready To Wear Fall Winter 2014 Paris. https://nowfashion.com/brands/allude.

[21] Christian Wijnants at Paris Fall 2013. http://www.livingly.com/runway/Paris+Fashion+Week+Fall+2013/Christian+Wijnants/oRxtQfGnmN8

[22] RCA Fashion Show 2013 Xiao Li. http://www.dezeen.com/2013/06/05/rca- fashion-2013-collection-by-xiao-li/

[23] Yang Du Womenswear A/W12. http://www.dazeddigital.com/fashion/article/12903/1/yang-du-womenswear-a- w12.

[24] Uma Wang FW 2011. http://knitgrandeur.blogspot.co.uk/2011/08/uma-wang-fw- 2011.html.

[25] A.W.A.K.E. by Natalia Alaverdian Fall 2013. http://decorialab.tumblr.com/post/45935638874/awake-by-natalia-alaverdian-fall-2013

图书在版编目（CIP）数据

针织服装设计/王勇编著. --上海: 东华大学出版社, 2017.1

ISBN 978-7-5669-1153-7

Ⅰ. ①针... Ⅱ. ①王... Ⅲ. ①针织物-服装设计

Ⅳ. ①TS186.3

中国版本图书馆CIP数据核字（2016）第262492号

责任编辑: 谭　英

封面设计: 张林楠

版式设计: J.H.

针织服装设计

Zhenzhi Fuzhuang Sheji

王勇　编著

东华大学出版社出版

上海市延安西路1882号

邮政编码：200051 电话：（021）62193056

新华书店上海发行所发行

苏州望电印刷有限公司印刷

开本：889×1194　1/16　印张：6.5 字数：229千字

2017年1月第1版　2019年7月第2次印刷

ISBN 978-7-5669-1153-7

定价：39.00元